"1+X"职业技能等级证书配套系列教材

发电集控运维

职业技能等级证书培训教材

高 级

博努力（北京）仿真技术有限公司　组编

中国电力出版社
CHINA ELECTRIC POWER PRESS

内容提要

本书为"1+X"发电集控运维职业技能等级证书（高级）培训配套教材，以职业技能等级标准和发电行业对集控运维主值岗位人员职业技能要求为依据进行编写，主要阐述相关工作领域的职业技能以及相关专业知识。

本书分为机组经济运行调节、优化运行与节能分析、机组试验、机组典型事故处理四个工作领域，包含十六个工作任务，每个工作任务又按照任务描述、任务分析、相关知识、完成任务、任务评价、课后练习六个部分分别进行阐述，全书配备了近百个资源，帮助读者更好地理解和掌握相关知识。

本书为发电集控运维职业技能等级证书（高级）的培训教材，也可作为应用型本科院校和高等职业院校相关专业的教材，还可供发电机组运行人员参考。

图书在版编目（CIP）数据

发电集控运维职业技能等级证书培训教材：高级/博努力（北京）仿真技术有限公司组编．—北京：中国电力出版社，2022.1

"1＋X"职业技能等级证书配套系列教材

ISBN 978-7-5198-4635-0

Ⅰ.①发…　Ⅱ.①博…　Ⅲ.①火力发电－发电机组－电力系统运行－职业技能－鉴定－教材Ⅳ.①TM621.3

中国版本图书馆 CIP 数据核字（2020）第 077781 号

出版发行：中国电力出版社
地　　址：北京市东城区北京站西街 19 号（邮政编码 100005）
网　　址：http://www.cepp.sgcc.com.cn
责任编辑：吴玉贤（010-63412540）
责任校对：黄　蓓　马　宁
装帧设计：赵姗姗
责任印制：吴　迪

印　　刷：三河市万龙印装有限公司
版　　次：2022 年 1 月第一版
印　　次：2022 年 1 月北京第一次印刷
开　　本：787 毫米×1092 毫米　16 开本
印　　张：12.25
字　　数：272 千字
定　　价：38.00 元

发电集控运维
职业技能等级证书配套系列教材

编 委 会

主 任 委 员 杨建华

副主任委员 王廷举　杨小琨

执 行 委 员 王小亮

委　　　员（按姓氏笔画排序）

王　刚	王恩营	史俊杰	白　韡	任俊英	闫瑞杰
李　冰	李威君	李勤道	佟　鹏	张作友	张跃辉
陈　军	陈绍敏	季红春	胡胜利	徐　博	徐智华
高清林	谌　莉	彭登春	彭德振	靳智平	雷鸣雳
潘宏刚					

发电集控运维
职业技能等级证书培训教材（高级）

编　委　会

主　　　编　黄燕生　杨宏民

副　主　编　李春林　杨小琨　史俊杰　徐　博

委　　　员（按姓氏笔画排序）

王荣梅	王统彬	王晓杰	王　崇	王逸飞	牛亚尊
仇晨光	尹　航	左云龙	白　晶	白　鞾	乔丽丽
任晓丹	刘长寅	刘　洋	刘　聪	闫瑞杰	许加达
孙为民	孙　博	李钰冰	李慧杰	杨雪萍	邹洪斌
张　伟	张红霞	张作友	张海涛	张　琪	陈汉卿
陈江涛	陈明付	罗金妮	郝　杰	姜　烨	姚昌模
高　欣	高学伟	郭瑞娟	唐琳艳	黄儒斌	彭　丹
傅玉栋	魏佳佳				

前　言

本书总码

　　为贯彻落实《国家职业教育改革实施方案》，积极推动"1＋X"证书制度的实施，博努力（北京）仿真技术有限公司开发了"1＋X"发电集控运维职业技能等级证书项目。为配合该证书的培训与考核，编委会以《发电集控运维职业技能等级标准》《发电集控运维职业技能等级培训指导方案》和《发电集控运维职业技能等级考核方案》为依据，编写了《发电集控运维职业技能等级证书培训教材》，分为初级、中级、高级，共三册。

　　发电集控运维职业技能培训与考核所使用的发电机组为全范围仿真系统，参考对象包括典型的 50MW 循环流化床母管制机组、350MW 超临界循环流化床机组、330MW 亚临界燃煤机组以及 660MW 超超临界燃煤机组。本书以上述机组的仿真系统为基础，并兼顾其他机型的特点，充分考虑发电机组集控运行主值岗位的基本要求和岗位职责，突出了实际现场操作技能与技术应用，从安全、节能、环保的角度出发，以理论和实践密切结合的方式，全面系统地介绍了机组经济运行调节、优化运行与节能分析、机组试验、机组典型事故处理等操作和相关知识。

　　为了直观表现机组的运行调节、事故处理的操作过程，本书配备了近七十个资源的资源库，资源的形式为二维、三维动画和配有声音的操作录屏等，可在相应位置扫码获取。

　　本书得到了全国电力职业教育教学指导委员会热动专业委员会、中国电力教育协会的指导和大力支持。本书由广西电力职业技术学院黄燕生副教授、郑州电力高等专科学校杨宏民教授主编，在编写和资源制作过程中，查阅了相关参考文献，有关兄弟院校和企业的技术资料、说明书、图纸等，并得到相关院校的老师和企业同行的热情帮助，在此一并表示衷心的感谢。

　　限于编者水平，书中难免存在不妥之处，敬请读者提出宝贵意见，请反馈至博努力（北京）仿真技术有限公司 1＋X 事业部，邮箱：bernouly@126.com。

本书编委会

2021 年 12 月

目　录

工作领域一　机组经济运行调节

本工作领域包含六项任务，核心知识点包括：单元机组协调控制系统的逻辑保护、机组负荷协调控制系统调节原理；锅炉（包括直流炉、汽包炉和循环流化床锅炉）主要参数（包括蒸发量、汽温、汽压、水位等）变化的影响因素及主要参数的调节方法和控制策略；燃烧被控对象的动态特性、自动燃烧控制原理、燃烧调节方法与控制策略；汽轮机变工况特性，主要参数变化对汽轮机稳定运行的影响，汽轮机数字电液控制系统（DEH）工作原理及主要功能，给水泵汽轮机电液控制系统（MEH）的动态特性及静态特性；同步发电机的运行特性及主要参数变化对发电机稳定运行的影响。

工作任务一　机组的控制与保护

一、　任务描述

单元机组协调控制系统是把锅炉、汽轮机和发电机作为一个整体进行控制，采用了递阶控制系统结构，把自动调节、逻辑控制、连锁保护等功能有机地结合在一起，构成一种具有多功能的控制系统，满足不同运行方式和不同工况下控制要求的综合控制系统，既保证机组对外有较快的功率响应和一定的调频能力，又保证对内维持主蒸汽压力偏差在允许范围内。任务描述如下：

（1）学习机组协调控制系统，熟练掌握单元机组动态特性，了解机组协调控制系统的组成、负荷控制方式及原理。

（2）通过对异常工况的处理，熟练掌握机组异常工况的负荷控制方法。

（3）学习机组保护的组成，熟练掌握机组各保护动作的条件及动作内容，能够正确进行各保护的投退操作。

二、　任务分析

这项任务需要在掌握机组动态特性、协调系统的组成、负荷控制的逻辑保护内容后，在外界负荷需求改变时，能确保机组的输出功率尽快地满足外界负荷需求，并保证机组主要运行参数在允许范围内变化；当部分主要辅机故障或其他原因造成机组出力不足时，能够按规定的速率将机组承担的负荷降低到适当水平继续运行；在主要辅机工作到极限状态或主要运行参数的偏差超过允许范围时，能对负荷指令进行方向闭锁或迫降，防止事故发生。此外，还应掌握各保护逻辑的投退操作。

（一）机组协调控制系统的组成、负荷控制方式及原理

1. 机组协调控制系统的组成

单元机组协调控制系统是由负荷管理控制中心（LMCC）、机炉主控制器和相关的锅炉、汽轮机子控制系统所组成。

负荷管理控制中心的主要作用包括：对机组的各负荷请求指令（电网中心调度所负荷自动调度指令 ADS、运行操作人员设定的负荷指令）进行选择和处理，并与电网频差信号 Δf 一起，形成机组主/辅设备负荷能力和安全运行所能接受的、具有一次调频能力的机组负荷指令 P_0。P_0 作为机组实发电功率的给定值信号，送入机炉主控制器。

机炉主控制器的主要作用：接受负荷指令 P_0、实际电功率 P_E、主蒸汽压力给定值 p_0 和实际主蒸汽压力 p_T 等信号，根据机组当前的运行条件及要求，选择合适的负荷控制方式；根据机组的功率（负荷）偏差 $\Delta P = P_0 - P_E$ 和主蒸汽压力偏差 $\Delta p = p_0 - p_T$ 进行控制运算，分别产生锅炉负荷指令（锅炉主控制指令）P_B 和汽轮机负荷指令（汽轮机主控制指令）P_T。P_T、P_B 作为机炉协调动作的指挥信号，分别送往锅炉和汽轮机有关子控制系统。

机、炉的各有关子控制系统是对锅炉、汽轮机实现常规控制的有关系统，它们包括燃烧控制系统、汽温控制系统、给水（汽包水位）控制系统、炉膛安全监控系统（FSSS）、汽轮机数字电液控制系统等主系统，以及燃油压力控制系统、除氧器的水位和压力控制系统、凝汽器的水位控制系统、再循环流量控制系统、直吹式磨煤机控制系统、发电机氢气冷却控制系统、锅炉连续排污控制系统、电动给水泵的密封水差压和再循环流量控制系统、汽动给水泵的密封水差压和再循环流量控制系统等辅助系统。

2. 机组负荷控制方式及原理

常规的自动调节系统由汽轮机和锅炉分别控制。汽轮机调节机组负荷和转速，机组负荷的变化必然会反映到机前主蒸汽压力的变化，而主蒸汽压力的控制由锅炉燃烧调节系统来完成，燃烧调节系统一般划分为主蒸汽压力（或燃料）调节系统、送风和氧量调节系统、炉膛负压调节系统等子系统。

随着单元机组容量的不断增大、电网容量的增加和电网调频、调峰要求的提高以及机组自身稳定运行要求的提高，常规的自动调节系统已很难满足单元机组既参加电网调频、调峰又稳定机组自身运行参数这两个方面的要求，必须将汽轮机和锅炉视为一个统一的控制对象进行协调控制。协调控制是指通过控制回路协调汽轮机跟锅炉的工作状态，同时给锅炉自动控制系统和汽轮机自动控制系统发出指令，以达到快速响应负荷变化的目的，最大可能发挥机组的调频、调峰能力，稳定运行参数。

在单元机组中有五种运行方式：基本方式（BM）、锅炉跟随方式（BF）、汽轮机跟随方式（TF）、机炉协调方式（CCS）、自动发电控制方式（AGC）。

（1）基本方式（BM）。基本方式是一种比较低级的控制模式，其适用范围：机组启动及低负荷阶段，机组给水控制手动或异常状态。

控制策略：汽轮机主控和锅炉主控都在手动运行方式。在该方式

资源库 1_负荷控制系统及调节方法

下，汽轮机主控 M/A 站和锅炉主控 M/A 站均在手动方式，单元机组的运行由操作员手动操作。

（2）锅炉跟随方式（BOILER FOLLOW，BF）。当汽轮机主控 M/A 站在手动，锅炉主控 M/A 站在自动时采用这种方式。适用范围：锅炉运行正常，汽轮机部分设备工作异常或机组负荷受到限制。

控制策略：锅炉主控 M/A 站在自动，调节主汽压力，同时汽轮机调节阀采用手动调节以获得目标功率。

在 BF 方式下，锅炉主控控制主汽压力，汽轮机主控由全能主值班员人为手动控制。当发生锅炉主控撤至手动或汽轮机主控投自动时，BF 方式自动撤出。

（3）汽轮机跟随方式（TURBINE FOLLOW，TF）。当汽轮机主控在自动，而锅炉主控在手动时，机组运行方式为 TF 方式。适用范围：汽轮机运行正常，锅炉不具备投入自动的条件。

控制策略：汽轮机主控自动，调节主汽压力，锅炉主控调节机组功率。主汽压力设定由机组滑压曲线确定，操作员可手动调节偏置。

在 TF 方式下，汽轮机主控控制主汽压力，锅炉主控由值班员手动控制。当锅炉主控投自动或汽轮机主控撤出手动时，TF 方式自动撤出。

（4）机炉协调方式（CCS）。当选择锅炉主控 M/A 站自动和选择汽轮机主控 M/A 站自动时采用这种方式，即炉跟机为基础的协调控制方式，锅炉和汽轮机并行操作。

控制策略：汽轮机主控、锅炉主控全部投入自动，汽轮机调节机组功率，锅炉调节主汽压力。

（5）自动发电控制方式（AGC）。自动发电控制方式的投运和退出根据调度命令执行。

控制策略：自动发电控制方式的控制策略和机组协调方式的控制策略唯一不同在于目标负荷指令的来源。当在机炉协调控制方式下满足自动发电控制的条件时，可以采用自动发电控制方式，此时机组的目标负荷指令由调度控制系统给定，操作员不能进行干预。为防止在低负荷阶段产生危险工况，必须对自动发电控制的负荷高、低限做出限制。

3. 机组负荷控制方法

（1）自动带初负荷。发电机并网后，DEH 在现有 GV 阀位参考值上加 3%，这个开度对应大约 3% 的初负荷。初负荷的实际大小取决于当时的主蒸汽压力，因此引入了主蒸汽压力进行修正，即主蒸汽压力较高时阀门开度小，反之则较大。初负荷大小可以在工程师站上进行修改。

（2）负荷的增加或减少。协调控制系统提供运行人员增/减负荷操作器，来设定机组"目标负荷指令"的增加或减少。目标负荷指令在操作员站屏幕显示。

（3）最大/最小负荷限制。机组的实际出力是有限制的，为使机组在允许的出力范围内正常工作，设置了出力限制回路，运行人员可以根据机组运行情况设定最大/最小负荷限制值，限制值的增减直接影响实际负荷指令。当实际负荷指令等于最大/最小限制值时，实际负荷指令增加/减少受到闭锁。

（4）负荷变化速率限制。机组在不同的运行情况下对负荷变化速率的限制有不同要求，为避免负荷变化太大引起机组故障，设定了负荷指令变化速率限制回路，它可以根据机组当前变负荷的能力，对负荷指令的变化速率进行限制。正常情况下，变负荷速率是由运行人员人为设定的；在非正常情况下，如 RB 动作过程中，机组自动识别 RB 动作类别，分别采用不同的速率限制值。

（5）负荷保持/进行。设置负荷保持与进行操作器，其作用是在协调控制方式下，根据机、炉运行情况对负荷进行保持当前负荷指令不变，工况稳定后继续按目标负荷指令进行。即正常工况是按"需要"控制，实际指令跟踪目标指令；异常工况（出力受限制）时，按"可能"控制，目标指令跟踪实发功率或者跟踪当前负荷指令。

（二）机组异常工况的负荷指令处理及负荷调节

（1）通过调整保证锅炉蒸发量在额定值内，满足机组负荷的要求。

（2）保持正常和稳定的汽压、汽温。

（3）均衡给水，汽包锅炉维持正常的汽包水位；直流锅炉维持正常的燃水比。

（4）保持过热蒸汽、再热蒸汽的品质合格，蒸汽温度维持在一个合理范围。

（5）保持过热蒸汽压力、再热蒸汽压力维持在一个合理范围。

（6）及时合理调整燃烧，保持良好的燃烧，减少热损失，提高锅炉热效率。

（7）及时调整锅炉运行工况，在保证过热蒸汽、再热蒸汽温度和压力正常范围情况下，稳定负荷；蒸汽参数异常情况下，适当降低负荷，维持锅炉稳定燃烧。

（三）机组保护系统的组成、动作条件以及保护投退的操作

1. 汽轮机保护（以 660MW 超超临界机组为例）

汽轮机主保护的内容及动作条件如下：

（1）机械式超速保护：汽轮机转速达到动作转速时，飞环动作停机。动作转速为额定转速的 $110\% \sim 111\%$（$3300 \sim 3330$r/min）。

（2）发电机定子进水流量低于 67t/h 延时 30s 后，发电机断水保护动作停机。

（3）汽轮机 ETS 保护。

1）TSI 电超速保护：TSI 判断机组超速至 3300r/min 时，动作停机。

2）主机润滑油箱油位低保护：当主机润滑油箱油位低至 −150mm 时，保护动作停机。

3）润滑油压低保护：当主机润滑油压低至 0.07MPa 时，保护动作停机。

4）抗燃油压低保护：当抗燃油供油压力低至 7.8MPa 时，保护动作停机。

5）轴振大保护：当本轴振 X、Y 项中任一项达到 0.25mm，并且除本轴承外的其他任一轴振达到 0.125mm 时，保护动作停机。

资源库 2_机械超速遮断系统

资源库 3_危急遮断保护系统

6）凝汽器真空低保护：凝汽器真空低至 86.3kPa 时，动作停机。

7）高压缸排汽口金属温度达 440℃时，排汽口金属温度高保护动作停机，DEH 判断后采用硬接线送至 ETS。

8）低压缸排汽温度高保护：低压缸排汽温度达到 107℃时，保护动作停机。

9）汽轮机胀差保护，TSI 来测量信号：①汽轮机高压胀差达到－7.5～＋7.5mm 时，保护动作停机；②汽轮机中压胀差达到－7.5～＋7.5mm 时，保护动作报警；③汽轮机低压胀差达到－9 ～ ＋29mm 时，保护动作停机。

10）汽轮发电机支持轴承温度达 121℃时，保护动作停机。

11）汽轮机推力轴承温度达 110℃时，保护动作停机。

12）手动停机：手动按停机按钮 A 或 B，机组跳闸停机。

13）发电机遮断停机：发电机主保护动作，汽轮机跳闸。

14）MFT 动作停机：锅炉 MFT 信号给汽轮机 ETS 动作停机。

15）轴向位移保护：轴向位移达到－1.28mm～＋0.8mm 时，保护动作停机。

16）DEH 综合保护动作，给 ETS 信号动作停机。

（4）DEH 保护。

1）DEH 综合保护动作：

①机组已运行，在 ATR 模式下，ATR 停机指令发出，DEH 动作停机。

②机组未挂闸，任一伺服卡在校验中，汽轮机转速超过 100r/min 时，DEH 动作停机。

③机组运行中，安全油压低至 7.8MPa，DEH 动作停机。

④机组严密性试验结束，DEH 动作停机。

⑤发电机已经解列，发生汽轮机转速故障，DEH 动作停机。

⑥机组甩负荷，高压抽汽管道未关闭，延时 30s，DEH 动作停机。

⑦机组甩负荷，低压抽汽管道未关闭，延时 30s，DEH 动作停机。

2）OPC 保护：

①103％（额定转速）超速保护。

②加速度保护。

③汽轮机超速预测保护。

2. 锅炉保护（以 660MW 超超临界机组为例）

（1）锅炉主保护。MFT 跳闸条件（当以下任一条件满足时，发生主燃料跳闸，即 MFT 保护动作）：

1）送风机全停。

2）引风机全停。

3）空气预热器全停延时 3s。

4）炉膛压力高于＋3000Pa。

5）炉膛压力低于－3000Pa。

6）给水流量低于最小流量的 80％（不大于 346.1t/h）延时 20s。

7）给水流量低于最小流量的 60％（不大于 259.6t/h）跳闸。

8）给水泵全停延时 2s。

9）炉膛风量小于 25％，延时 2s。

10）火检冷却风压力低于 3.0kPa 或两台火检风机均未运行，延时 300s。

11）一次风机全停。

12）再热器保护动作。

13）全部燃料失去 MFT。

14）主蒸汽压力高 MFT：主蒸汽压力高于 31.588MPa 延时 3s。

15）手动 MFT。

16）全炉膛灭火保护动作。

17）汽轮机跳闸连锁保护。

18）水冷壁出口壁温高，延时 10s，MFT。

19）MFT 继电器动作。

20）FGD 故障（FGD 请求锅炉跳闸）。

（2）锅炉大连锁逻辑。

1）当事故停运所有运行的空气预热器时，联跳运行的全部给煤机、磨煤机、一次风机，跳闸送风机、引风机；锅炉主燃料跳闸保护；空气预热器主电机跳闸后辅助电机联动投运。

2）当事故停运一台空气预热器时，联跳相应侧送风机、引风机；锅炉减负荷（RB）保护动作。

3）当事故切断所有运行的引风机时，联跳运行的全部送风机、一次风机、磨煤机、给煤机；当全部引风机停转时，为防止在风机惰走过程中造成风道抽力过高，应打开所有引风机挡板门；锅炉主燃料跳闸保护动作。

4）当事故切断一台引风机（两台运行）时，则联跳相应侧运行的送风机、相当数量的磨煤机；联跳关闭该引风机的进出口风门、入口静叶挡板；锅炉 RB 保护动作。

5）当事故切断两台送风机或一台运行的送风机（另一台停运）时，则联跳运行的全部一次风机、磨煤机、给煤机；锅炉主燃料跳闸保护动作。为防止送风机惰走过程中造成风道压力过高，应打开所有送风机挡板。

6）当事故切断一台送风机（两台运行）时，则联跳相应数量的磨煤机，关闭该停运风机入口及出口风门，开启出口联络风门；锅炉 RB 保护动作。

7）当事故切断所有运行的一次风机，无油层运行时，则联跳运行的全部磨煤机、给煤机；锅炉 MFT 保护动作。

8）当事故切断一台一次风机（两台运行）时，联跳相应数量的磨煤机，关闭该停运风机入口及出口风门，开启出口联络风门；锅炉 RB 保护动作。

9）当事故切断磨煤机运行时，联跳相应的给煤机，并联关磨煤机入口热风调节风门和插板风门，联开磨入口冷风调节风门；磨煤机出口温度高于 80℃时，磨煤机入口冷风调节风门联开。

10）当事故切断给煤机时，联关相应磨煤机入口热风调节风门，联开相应磨煤机的入口冷风调节风门。

（3）燃油跳闸（OFT）。

1）燃油母管压力低：有任一油角阀打开且点火油母管压力低低（低Ⅱ值），延时2s，OFT动作。

2）供油母管燃油快关阀关：有任一油角阀打开且进油快关阀已关，延时2s，OFT动作。

3）回油快关阀已关：有任一油角阀打开且回油快关阀已关，延时2s，OFT动作。

4）MFT动作：有任一油角阀打开且MFT动作发生，则OFT动作。

5）手动OFT脉冲。

3．电气保护

发变组采用微机保护装置，配置两套完全独立的电气量保护装置，并配置一套独立的非电气量保护装置。

（1）发变组微机保护出口动作方式定义如下：

1）全停：跳主变压器出口开关、跳灭磁开关、关主汽阀、跳高压厂用变压器分支开关、启动快切、启动失灵。

2）解列灭磁：跳主变压器出口开关、跳灭磁开关、跳高压厂用变压器分支开关、启动快切、启动失灵。

3）解列：跳主变压器出口开关、跳高压厂用变压器分支开关、启动快切、启动失灵。

4）程序跳闸：首先关汽轮机主汽门，再由逆功率保护出口动作于跳主变压器出口开关、跳灭磁开关、跳高压厂用变压器分支开关，启动快切、启动失灵。

5）跳母联：跳发变组出口开关。

6）减出力：减少原动机输出功率至给定值。

7）高压厂用变压器分支跳闸：分别作用使高压厂用变压器A分支或B分支跳闸。

8）发信号：发出声、光信号，并向DCS、故障录波器发送信号，用于事故记录。

（2）发变组保护。

1）发电机差动保护：保护动作于全停。

2）发变组差动保护：保护动作于全停。

3）发电机定子接地保护：保护动作于全停。

4）发电机断水保护：发电机断水后，保护延时30s动作于程序跳闸。

5）发电机热工保护。

6）发电机频率异常保护：动作于报警。

7）发电机定子过电压保护：保护动作于全停。

8）发电机失磁保护：失磁Ⅰ段动作于启动快切，失磁Ⅱ段动作于全停。

9）发电机失步保护：区外失步动作于信号，区内失步动作于全停。

10）发电机励磁回路一点接地保护：保护动作于报警。

11）发电机励磁回路二点接地保护：保护动作于全停。

12）发电机启停机保护：保护动作于全停。

13）发电机误上电保护：保护动作于全停。

14）断路器断口闪络保护：保护动作于全停。

15）主变压器差动保护：保护动作于全停。

16）主变压器冷却系统故障保护：保护动作于报警。

17）高压厂用变压器差动保护：保护动作于全停。

18）发电机复合电压过电流保护：保护动作于全停。

19）发电机定子过负荷保护：保护动作于全停。

20）发电机负序过负荷保护：保护动作于全停。

21）程序跳闸逆功率保护：保护动作于全停。

22）发电机零功率保护：保护动作于全停。

23）发电机过励磁保护：保护动作于全停。

24）断路器失灵保护。

25）励磁变压器速断保护：保护动作于全停。

26）励磁变压器过电流保护：保护动作于全停。

27）励磁变压器过负荷保护：保护动作于解列灭磁。

28）励磁变压器温度保护：保护动作于报警。

29）励磁系统故障：保护动作于全停。

30）主变压器零序保护：保护动作于全停。

31）主变压器复合电压过电流保护：保护动作于全停。

32）主变压器非电量保护。

①主变压器重瓦斯：保护动作于全停。

②主变压器压力突变：报警。

③主变压器压力释放：报警。

④主变压器绕组温度高：报警。

⑤主变压器油温高：报警。

⑥主变压器油位异常：报警。

⑦主变压器轻瓦斯：报警。

⑧主变压器冷却器故障：报警。

33）高压厂用变压器复合电压过电流保护：保护动作于全停。

34）高压厂用变压器低压分支复合电压过电流保护：保护动作于跳分支开关，闭锁快切。

35）高压厂用变压器低压分支限时速断保护（过电流）：保护动作于跳分支开关，闭锁快切。

36）高压厂用变压器 A、B 低压分支零序电流保护：保护动作于跳分支开关，闭锁

8

快切。

37）高压厂用变压器非电量保护。

①高压厂用变压器重瓦斯：保护动作于全停。

②高压厂用变压器压力释放：报警。

③高压厂用变压器绕组温度高：报警。

④高压厂用变压器油温高：报警。

⑤高压厂用变压器轻瓦斯：报警。

⑥高压厂用变压器冷却器故障：报警。

三、相关知识

（一）单元机组变压运行

对单元机组，在不同负荷段采用不同的压力运行方式，即可采用常规的定压运行方式，也可采用滑压运行方式。采用滑压运行时，汽轮机进汽调节阀基本全开，依靠改变进入汽轮机的主蒸汽压力（同时也改变了进入汽轮机的新蒸汽量）来适应外界负荷的变化，汽轮机主汽阀和调节汽阀的开度始终保持不变，即主汽门保持全开，调节汽阀保持全开或部分全开，机组的功率靠改变机前压力和蒸汽的质量流量来实现，进入汽轮机的主蒸汽温度维持额定值不变。为了实现滑压运行，必须在保持汽轮机调节阀开度不变的前提下，生成一个与负荷保持某种关系的压力指令。滑压运行方式需要机组在协调方式（或锅炉跟踪方式）下运行且目标负荷大于一定值（滑压运行的最低负荷）。

1. 滑压运行的运行方式

（1）纯滑压运行方式。该方式是指在整个负荷变化范围内，汽轮机调节汽阀全开的运行方式。单纯依靠锅炉主蒸汽压力的变化来调节机组负荷，汽轮机没有节流损失，给水泵耗电量最小，但机组对负荷的适应能力差，不能满足电网一次调频的需要，一般很少采用。

（2）节流滑压运行方式。正常情况下，汽轮机调节汽阀保持5%～15%的节流，当负荷突然增大时全开，利用锅炉的储热量来暂时满足负荷增加的需要，待锅炉蒸汽流量增加，汽压升高后，调节汽阀恢复到原位，这种方式称为节流滑压运行方式。该方式有节流损失，但可以快速响应外界负荷的变化。

（3）复合滑压运行方式。该方式是指机组在高负荷区（一般为80%MCR～100%MCR）保持定压运行，用增减喷嘴的开度来调节负荷；在中低负荷区（一般为30%MCR～80%MCR），全开部分调节汽阀（如三阀全开）进行滑压运行；在极低负荷区（一般为30%MCR以下）恢复定压运行方式（但压力定值较低）。该方式汽轮机在全负荷范围内均能保持较高的效率，同时还有较好的负荷响应能力，所以得到普遍的应用。

例如，某超临界压力变压运行带内置式再循环泵启动系统的本生直流锅炉，正常运行中采用复合滑压运行方式，主汽压力-负荷曲线如图1-1-1所示。锅炉启动中在35%本生负荷下进行分离器的湿干态转换后给水流量与锅炉的产汽量相等，为直流运行状态，此时的控制对象是分离器出口温度（中间点温度）。分离器水位逐渐"蒸干"，转为温度控制。给水调节投入汽水分离器出口焓值自动，机、炉在协调方式下进入滑压运行。高压调门按一定顺序依次开启，总体流量按线性变化，调节汽阀的开启次序为 1 号＋2 号→3 号→4 号。1、2 号调节汽阀同时开启，在相当大的负荷范围内维持调门的开度基本不变，让进入汽轮机的蒸汽压力随负荷按比例变化，节流损失少，效率高。

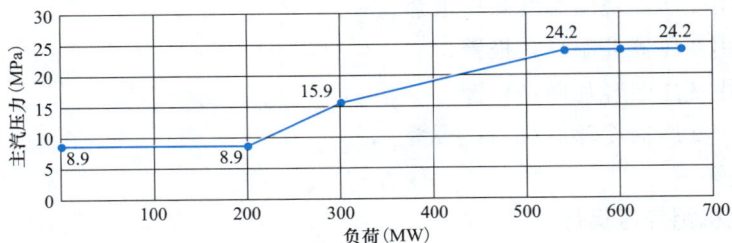

图 1-1-1　主汽压力-负荷曲线

高负荷和极低负荷时定压运行，在其他负荷区变压运行。主蒸汽变压运行可减少调门节流损失，使汽轮机内效率有所提高；用改变汽轮机入口蒸汽压力的方法来改变出力；在低负荷运行时减少给水泵的功率消耗，使电厂的热效率得到提高，降低启动时的热损失，减少了负荷变化时汽轮机各部分金属温度的变化，特别是转子温度变化幅度，减小了负荷变化及启动时的热应力，有利于提高汽轮机的运行可靠性；在负荷变化中高压缸排汽温度基本不变，能在更大的负荷范围内保持再热蒸汽温度大体不变，有利于再热汽温的调节。

复合滑压运行方式有以下特点：

1）高负荷时定压运行，节流损失和高压缸内工质温度的变化都较小，可提高负荷变化的响应速度，同时调节汽阀的运行方式与机组中低负荷阶段的运行方式衔接。

2）汽轮机一般有四个调节汽阀，每个阀门管理一组喷嘴，机组在中低负荷范围内运行时，一般三个调节汽阀全开，它具有变压运行的优点，当外界负荷变化时，临时调节第四个调节汽阀开度，以便锅炉的储热能力快速响应外界负荷的变化。

3）给水泵有一定的调速范围，当负荷低于给水泵的最低转速时，给水泵只能定速运行，此时再采用变压运行就不经济了。比如带内置式分离器的直流锅炉，负荷低于一定值时，分离器处于湿态，在此阶段进行变压运行，分离器壁易产生热应力。因此，在低负荷范围内适宜采用定压运行方式。

需要注意的是，在变压运行时，由于主蒸汽压力随着负荷下降相应降低，导致机组朗肯循环的效率下降（当主蒸汽压力小于 12MPa 时，朗肯循环的效率明显下降），将抵消低负荷时汽轮机内效率提高所带来的收益，所以，适宜采用变压运行的负荷区间，应进行综合的技术经济比较。一般 300～600MW 级的机组，在机组负荷小于 70％额定负荷时，定压运行时的效率下降幅度大于变压运行。因此，机组只有在 70％MCR～75％MCR以下运行时，采用变压运行的方式才是合理的。当然，是否采用变压运行不仅要考虑经济性，还应考虑汽轮机热应力、汽温要求和给水泵电耗等因素。

变压运行的机组，锅炉压力随着负荷的变化而变化，并要经常处于低压运行状态，相应对锅炉的运行性能提出了一些特殊要求。

（二）负荷定值限制

当机组能力和负荷需求不相适应时，应根据机组实际能力对负荷定值作一定的限制。

与机组负荷有关的主要运行参数越限而引起的强迫增（RUN UP）、强迫减（RUN DOWN），即机组负荷超出了主、辅机的运行极限范围所引起的增、减负荷作用。当负荷指令或与辅机相关的调节指令有矛盾时，如给水、燃料、送风、引风等超过各自运行上限值时，必须将负荷降至和上限值相适应才能保证主、辅机的安全运行，这种迫降负荷即称为 RUN DOWN。当上述各值超出各自运行下限值时，则要发生迫升负荷，即 RUN UP。

辅机故障减负荷（RUN BACK）是指机组主要辅机部分故障时，自动将负荷减到和主要辅机负载能力相适应的负荷水平。主要辅机故障指部分风机（送风机、引风机、一次风机）故障、给水泵故障、磨煤机故障、锅水循环泵故障等。发生主油开关跳闸所引起的大幅度甩负荷，为维持汽轮机带厂用电或空负荷运行而导致的 RUN BACK 称 FCB。

（三）变负荷调峰运行

单元机组的调峰运行方式是指通过调节机组负荷以适应电网峰谷负荷的需要。

1. 调峰运行的主要原则

（1）电网高峰负荷期间，最大限度挖掘潜力，多带负荷。

（2）电网低谷负荷期间，尽可能降低负荷稳定运行。

（3）升降负荷时确定合理负荷变化率。

2. 变负荷调峰运行方式

（1）定压运行。在额定参数下依靠改变调节阀个数及调节阀的开度来调节机组功率，满足系统负荷需要的运行方式。

（2）滑压运行又称变压运行。汽轮机在不同工况下运行时，维持主汽阀全开，调节门全开或固定在某一适当开度，蒸汽压力随负荷的变化而变化，主蒸汽温度和再热蒸汽温度不变。目前大型单元机组普遍采用变压运行调峰。

（四）锅炉负荷与汽压的调节方式

采用定压运行的单元机组，负荷与汽压的调节方式一般可分为锅炉跟随方式（又称炉跟机方式）、汽轮机跟踪方式（又称机跟炉方式）和协调方式三种。

（1）锅炉跟随方式。以炉跟机为基础的协调控制系统如图1-1-2所示。

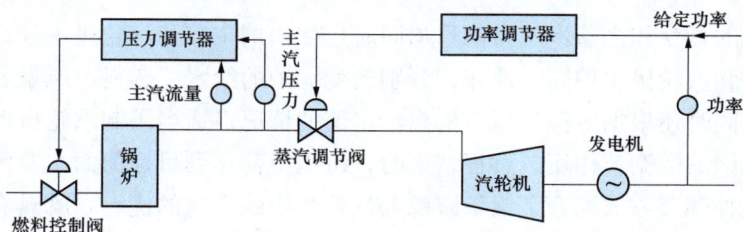

图1-1-2　以炉跟机为基础的协调控制系统

负荷目标的指令送至汽轮机主控。在改变负荷时，汽轮机主控按给定的变负荷速率将同步器置于目标负荷的对应开度上，随着汽轮机调速汽阀开度的变化，蒸汽流量和压力反向变化。主蒸汽压力信号送至锅炉主控，当实际压力与给定压力产生偏差时，锅炉主控将通过改变给水、燃料和风量使压力恢复至给定值。这种调节方式的特点是能充分利用锅炉的蓄热能力，对负荷的适应性较好，但变负荷过程中汽压波动较大，尤其对于燃烧设备惯性大而蓄热能力小的锅炉，汽压波动将更大。

（2）汽轮机跟随方式。以机跟炉为基础的控制系统如图 1-1-3 所示。

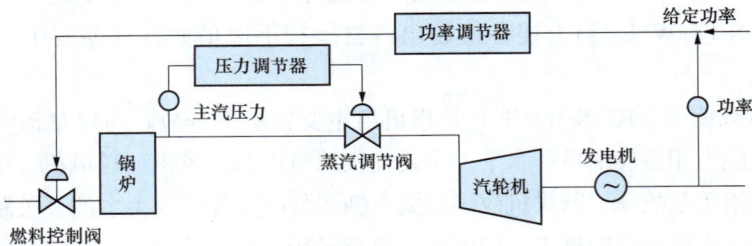

图 1-1-3 以机跟炉为基础的控制系统

负荷目标的指令送至锅炉主控。在改变负荷时，锅炉主控按给定的变负荷速率改变给水、燃料和风量，使锅炉蒸汽流量和汽压发生同向变化。主蒸汽压力信号送至汽轮机主控，通过改变同步器（即调速汽阀）开度，使压力维持在给定值并使负荷发生改变。这种调节方式的特点是调压迅速、汽压稳定，但无法利用锅炉蓄热能力且机组的负荷适应性较差。

（3）协调方式。机炉协调控制系统如图 1-1-4 所示。

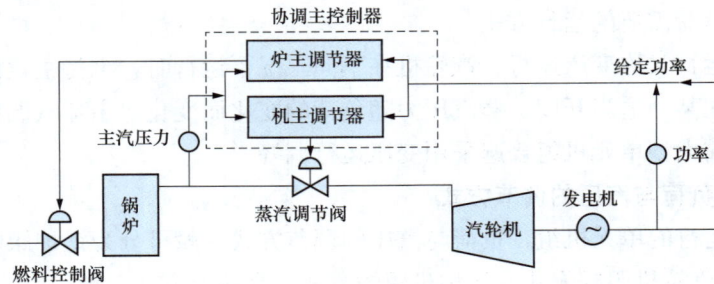

图 1-1-4 机炉协调控制系统

负荷目标的指令和主蒸汽压力信号均同时送往锅炉主控和汽轮机主控。在改变负荷时，锅炉主控和汽轮机主控同时动作，分别改变锅炉的给水、燃料、风量和汽轮机的调速汽门开度，同时还根据主蒸汽压力偏离给定值的情况，适当限制汽轮机调速汽门开度的变化和加强锅炉的调节作用。过程结束时，机组负荷达到目标值而主蒸汽压力仍稳定在给定值。这种调节方式综合了锅炉跟踪和汽轮机跟踪方式的优点，既具有汽压控制稳定的特点，又能充分利用锅炉的蓄热和具有较好的负荷适应性。

四、完成任务

登录相关的发电机组仿真平台，严格按照任务提纲完成本次任务的学习。

（1）通过本次学习，了解机组协调控制系统的组成、负荷控制方式及原理。

（2）通过本次学习，能够熟练掌握机组异常工况的处理方法和负荷控制方法。

（3）通过本次学习，熟练掌握机组各保护动作条件及动作内容，能够正确进行各保护的投退操作。

五、任务评价

根据工作任务的完成情况，对照评价项目和技术标准规范，逐项评价，确定技能水平和改进的要求。任务评价表见表1-1-1。

表1-1-1　　　　　　　　　　　　任 务 评 价 表

内　　容		评　　价	
学习目标	评价项目	个人评价	教师评价
知识目标	机组协调控制系统的组成		
	负荷控制方式及原理		
	异常工况的机组负荷调节方法		
	汽轮机保护动作条件		
	锅炉保护动作条件		
	OFT条件		
	机组RB动作条件及操作		
	电气保护动作条件		
技能目标	使用机组协调控制稳定调整负荷		
	调节异常工况参数，稳定燃烧		
	分析机组RB动作原因，稳定燃烧		
素质目标	沟通能力		
	团队合作能力		
	方法创新能力		
	突发事件处理能力		
改进要求			

六、课后练习

（1）单元机组有哪几种运行方式？

（2）变负荷调峰运行方式有哪些？

（3）OFT条件有哪些？

（4）列举一项锅炉主保护的内容，并简述其保护动作条件。

（5）列举一项汽轮机主保护的内容，并简述其保护动作条件。

（6）列举一项电气主保护的内容，并简述其保护动作条件。

（7）简述复合滑压运行方式的特点。

（8）简述机炉协调控制的基本原理。

工作任务二　蒸 汽 温 度 调 节

一、　任务描述

在发电机组的发展过程中，呈现出不断提高蒸汽压力与温度，以提高机组的循环热效率的趋势。蒸汽温度的选择要考虑三个因素：循环热效率、汽轮机末级叶片的蒸汽湿度、高温钢材的许用温度。因此，过热蒸汽温度和再热蒸汽温度是蒸汽质量的重要指标。任务描述如下：

（1）调节并稳定汽包炉过热蒸汽温度，学习汽包炉过热器动态特性，了解汽包炉主蒸汽温度变化的影响因素，了解系统控制过程，学会主蒸汽温度的控制方法。

（2）调节并稳定汽包炉再热蒸汽温度，学习汽包炉再热器动态特性，了解汽包炉再热蒸汽温度变化的影响因素，了解系统控制过程，学会再热蒸汽温度的控制方法。

（3）调节并稳定直流炉过热蒸汽温度，学习直流炉过热器动态特性，了解直流炉主蒸汽温度变化的影响因素，了解系统控制过程，学会主蒸汽温度的控制方法。

（4）调节并稳定直流炉再热蒸汽温度，学习直流炉再热器动态特性，了解直流炉再热蒸汽温度变化的影响因素，了解系统控制过程，学会再热蒸汽温度的控制方法。

（5）调节并稳定循环流化床锅炉蒸汽温度，了解循环流化床锅炉蒸汽温度的影响因素，了解系统控制过程，学会蒸汽温度的控制方法。

二、　任务分析

保持过热汽温、再热汽温稳定正常的前提是燃烧、汽压、水位及负荷的稳定。机组在正常运行中过热汽温、再热汽温调节应设为自动状态，将各级减温水调节阀投入自动调节。手动进行汽温调整时，应注意分析汽温变化的方向，掌握调节提前量，调整操作时应平稳、均匀，直流锅炉调整时尽量不要对中间点焓值及减温水大幅增减，防止造成汽温的波动或急剧变化，保证设备的安全、稳定运行。

资源库 4_蒸汽温度调节

（一）调节并稳定汽包炉过热蒸汽温度

（1）过热器装有两级喷水减温器。其中第一级减温器装在低温过热器出口与分隔屏过热器入口之间管道上，正常情况下，控制分隔屏过热器入口汽温不超过 395℃，分隔屏过热器出口汽温不超过 450℃。当一级减温器前汽温有上升趋势或超过 395℃时，适当开大第一级减温水调节阀，增加一级减温水量，以控制汽温在规定范围内。当一级减温器前汽温有下降且到达设计温度值时，操作与上述相反。

（2）第二级减温器装在分隔屏过热器出口与后屏过热器入口之间管道上。当一级减温器水量超过或接近其设计出力而后屏过热器入口汽温超过 450℃，高温过热器出口汽温超过 540℃时，立即投入二级减温器。过热汽温的调节以一级减温水调节为主，作为粗调；二级减温作为细调。两级减温水应配合使用。

（3）由于一级减温器布置在过热器进口端，远离过热器出口，所以汽温调节惰性很大。为保持高温过热器出口汽温稳定，在正常运行时，一级减温水固定，由二级减温水调节高温过热器出口汽温。

（4）使用减温水时，减温水流量不可大幅度波动，防止汽温急剧波动，特别是在低负荷时更要注意。

（5）汽轮机高压加热器解列时，过热器汽温会升高，应及时调节减温水量，控制汽温在规定范围内，当高压加热器投入时，操作则相反。

（6）汽包水位大幅度波动时也会引起减温水量变化，应加强汽温监视，及时调整。

（7）必要时可调整一、二次风量，摆动燃烧器上下倾角，切换上下组制粉系统等改变炉膛火焰中心位置，使汽温上升或下降。

（8）炉膛火焰中心上移的时候，过热汽温升高，应及时调节减温水量，控制汽温在规定值；反之，汽温下降，操作相反。

（9）在切换制粉系统或降负荷时，要密切监视汽温变化。

（10）为提高机组热经济性，过热汽温调节以燃烧调节为主，减温水作为辅助调节手段。

（二）调节并稳定汽包炉再热蒸汽温度

再热汽温调节迟延性较大，调节过程中应特别注意汽温的变化趋势，及时调节，防止再热汽温波动过大。具体方法如下：

（1）再热汽温调节用上下摆动燃烧器倾角为主要调节手段。

（2）摆动燃烧器设计摆动范围为辅助风在±30°之间，一次风在±25°之间。

（3）摆动燃烧器上摆，再热汽温升高；反之汽温降低。

（4）燃烧器摆动后再热汽温变化有一定滞后性，一般在调节后 1min 左右，再热汽温才开始变化，10min 左右趋于稳定。

（5）摆动燃烧器调节应缓慢进行，不得幅度过大，并且在燃烧稳定的情况下进行。

（6）用燃烧调节不能满足再热汽温要求或事故情况下时，投再热器事故喷水减温器调节。

（7）为防止摆动燃烧器卡涩，每 6h 应手动或自动试摆一次，并对照就地指示。

（三）调节并稳定直流炉过热蒸汽温度

（1）在正常运行中，主蒸汽温度应控制在合理的范围，两侧蒸汽温度偏差小于 5℃。

（2）启动分离器出口蒸汽温度（中间点）是燃料量和给水量是否匹配的超前控制信号。锅炉进入直流工况以后，启动分离器要保持一定的过热度。主汽温主调手段是通过调整燃水比，主蒸汽一、二级减温水是主汽温调节的辅助手段。一级减温水用于保证屏式过热器不超温，二级减温水用于对主蒸汽温度的精确调整。当屏式过热器出口温度和主蒸汽温度在额定值的情况下，一、二级减温水调节阀开度应在 40%～60% 范围内，否则应适当修正燃水比定值。

（3）锅炉正常运行中，启动分离器出口蒸汽温度达到饱和值是燃水比严重失调的现象，要立即对燃水比进行修正。

（4）汽温调节存在一定的惯性和延迟，调整减温水时注意不要猛增、猛减，要平稳地对蒸汽温度进行调节。锅炉低负荷运行时，减温后的温度必须保持 20℃ 以上过热度，防止过热器积水。

（5）锅炉运行中，在进行负荷调整、启停制粉系统、投停油枪、炉膛或烟道吹灰等操作以及煤质发生变化时都将对主蒸汽系统产生扰动，在上述情况下要特别注意蒸汽温度的监视和调整。

（6）高压加热器（简称高加）投停时，沿程受热面工质温度随着给水温度变化逐渐变化，要严密监视给水、省煤器出口、螺旋管出口工质温度的变化情况。待启动分离器入口蒸汽温度开始变化，通过在协调模式下修正燃水比或手动调整的情况下维持燃料量不变调整给水量，参照启动分离器入口蒸汽温度和一、二级减温水门开度控制沿程蒸汽温度在正常范围内。高加投、停后由于机组效率变化，在汽温调整稳定后应注意适当减、增燃料来维持机组要求的负荷。

（7）在蒸汽温度调整过程中要加强对受热面金属温度监视，以金属温度不超限为前提，如金属温度超限应适当降低蒸汽温度或降低机组负荷，查找原因进行处理。

（四）调节并稳定直流炉再热蒸汽温度

（1）锅炉正常运行时，再热蒸汽温度应维持在允许运行的温度范围内，两侧蒸汽温度偏差小于 10℃，在 50％负荷以下事故减温水闭锁全关。当蒸汽温度不能保持在正常范围、烟气挡板开度超过正常范围、事故减温水经常有开度时要对系统进行检查分析。

（2）再热蒸汽温度主要通过尾部烟道挡板进行调整，当再热器出口温度超过正常温度范围高限时，再热器事故减温水投入参与汽温控制。正常运行中要尽量避免采用事故喷水进行汽温调整，以免降低机组循环效率。

（3）在再热蒸汽温度手动调节时，要考虑到受热面系统存在较大的热容量，汽温调节存在一定的惯性和延迟，在调整再热蒸汽温度时注意不要猛开、猛关烟气挡板。调节事故减温水时要注意减温器后蒸汽温度的变化，防止再热蒸汽温度振荡过调。锅炉低负荷运行时要尽量避免使用减温水，防止减温水不能及时蒸发造成受热面积水，事故减温水调节时注意减温后的温度必须保持 20℃ 以上过热度，防止再热器积水。

（4）锅炉运行中在进行负荷调整、启停制粉系统、投停油枪、炉膛或烟道吹灰等操作以及煤质发生变化时都将对再热蒸汽系统产生扰动，在上述情况下要特别注意蒸汽温度的监视和调整。

（5）在再热蒸汽温度调整过程中要加强受热面金属温度监视，蒸汽温度的调整要以金属温度不超限为前提来进行，金属温度超限要适当降低蒸汽温度或降低机组负荷并积极查找原因进行处理。

（五）调节并稳定循环流化床锅炉蒸汽温度

循环流化床锅炉汽温的调节方法主要有喷水减温、烟气挡板调节、控制炉膛床温和外置式热交换器调节等。

1. 喷水减温调节

循环流化床锅炉在运行中，应将各级减温水流量（或调节阀开度）控制在适当范围内，以保证减温水调节的余度和灵敏度，超过正常范围应及时调整。

2. 烟气挡板调节

采用烟气挡板调节汽温的锅炉尾部竖井采用双烟道，在前后平行烟道出口设置烟气调温挡板，通过调节挡板开度改变流经受热面的烟气量，从而控制过热或再热蒸汽出口温度。

3. 炉膛床温控制

正常运行中，炉膛床温以炉膛平均床温测点指示为准。启停过程中，床温主要通过调整燃料量、二次风量及床压来调整。事故情况下可用一次风量辅助调整床温，在床温大幅波动时，应特别加强对中间点温度及主再热蒸汽温度的监控。

4. 外置式热交换器调节

有些循环流化床锅炉在物料循环回路上布置一鼓泡床换热器，在换热器中以埋管受热面的形式布置适当的过热器、再热器。这种换热器即为流化床换热器或外置式热交换器，其主要功能是换热，而不是燃烧。

三、 相关知识

1. 过热器、再热器动态特性以及汽温特性

现代高参数大容量锅炉的过热器由对流、辐射、半辐射三种形式组合而成。因此，能获得较平稳的汽温特性。

资源库 5_过热器及再热器汽温特性

对于布置在炉膛中的辐射过热器，其吸热量取决于炉膛烟气的平均温度。当锅炉负荷增加时，辐射过热器中蒸汽流量按比例增大，而炉膛火焰的平均温度却变化不大，辐射传热量增加不多。这样，辐射传热量的增加小于蒸汽流量的增加，因此每千克蒸汽获得的热量减少，即蒸汽焓增减少。因此，随着锅炉负荷的增加，辐射过热器的出口汽温下降。

对于布置在烟道中的对流过热器，锅炉负荷增加时，由于燃料消耗量增大，烟气量增大，烟气在对流过热器中的流速增高，对流传热系数增大。同时炉膛出口烟温也随着升高，对流过热器中烟气与蒸汽间的温度差增大。因而传热系数与传热温差同时增大，使对流传热量的增加超过蒸汽流量的增加，对流过热器中蒸汽焓增增大。因此，随着锅炉负荷的增加，对流过热器出口汽温升高。对流过热器进口烟温越低，即离炉膛越远，辐射传热的影响就越小，汽温随负荷增加而升高的幅度就越大。

半辐射式过热器介于辐射与对流过热器之间，汽温变化特性比较平稳，但仍具有一定的对流特性。

在一般自然循环锅炉中，对流过热器的吸热仍然是主要的，因此过热汽温的变化具有对流特性，即过热汽温随锅炉负荷增加而增加，在 70%～100% 额定负荷范围内，过热汽温的变化为 30～50℃。

直流锅炉的汽温变化特性与自然循环锅炉不同，直流锅炉在加热受热面、蒸发受热面与过热受热面之间没有固定的分界线，也即过热器的受热面是移动的，随工况的变动

而变动。如在给水量保持不变时，如果减少燃料量，则加热段和蒸发段的长度增加，而过热段的长度减小，过热器的出口汽温就要降低。因此，直流锅炉过热蒸汽温度的调节方法也与自然循环锅炉不同，要维持汽温稳定，就必须保持一定的燃水比。

再热器的汽温变化特性原则上是与自然循环锅炉中过热器的汽温变化特性相一致的，但又有其不同的特点。在过热器中，负荷变化时，其进口工质温度是保持不变的，等于汽包压力下的饱和温度。在再热器中，其工质进口参数取决于汽轮机高压缸排汽的参数。在负荷降低时，汽轮机高压缸排汽温度降低，再热器的进口汽温也随之降低。因此，为了保持再热器出口汽温不变，必须吸收更多的热量。一般当锅炉负荷从额定值降到70%额定负荷时，再热器进口汽温下降30～50℃。此外，对流式再热器一般布置在烟温较低的区域，加上再热蒸汽的比热容小，因此再热汽温的变化幅度较大。

2. 影响汽包锅炉主再热汽温的变化因素

（1）锅炉负荷的变化。不同形式的过热器，汽温随负荷变化的特性是不同的，但总体而言，当负荷增加时，过热蒸汽温度会升高。

（2）燃料性质的变化。燃煤水分、灰分、挥发分、含碳量以及煤粉细度的改变会对过热蒸汽温度产生影响。燃料水分增多，会使锅炉负荷不变的情况下消耗的燃料量增多，燃烧产物烟气量增多，过热汽温升高。煤粉变粗导致煤粉着火推迟，火焰中心上移，炉膛出口烟气温度升高，过热汽温升高。

（3）火焰中心位置的变化。摆动燃烧器喷口向上倾斜时，对流过热汽温升高。燃烧器从上组切至下组运行时，对流过热汽温下降。在总风量不变的情况下，对四角布置切圆燃烧的直流燃烧器，上层二次风减小，火焰中心上移，对流过热汽温升高。送、引风机配合不当使炉膛负压增大也会使对流过热汽温升高。

（4）炉内过量空气系数。送风量和漏风增加会使炉内过量空气系数增加，导致炉膛温度降低，辐射传热减弱，对流传热增强，引起对流过热汽温升高，辐射过热器的汽温降低。

（5）受热面积灰或结渣。水冷壁受热面积灰或结渣，会使过热汽温升高；过热器受热面积灰或结渣，会使过热汽温降低。

（6）给水温度的变化。由于给水温度下降，会导致锅炉消耗燃料增多，从而导致过热汽温升高。一般给水温度下降100℃，过热汽温上升50℃。

（7）饱和蒸汽用量。采用饱和蒸汽吹灰时，为保证锅炉负荷，必须增加燃料量，这将导致过热汽温和再热汽温升高。

（8）饱和蒸汽湿度。从汽包出来的饱和蒸汽含有少量水分，在正常情况下，进入过热器的饱和蒸汽湿度一般变化甚小。当运行工况不稳，尤其是水位过高或锅炉负荷突增时，会使饱和蒸汽湿度增加，引起汽温降低。若蒸汽大量带水，则汽温急剧下降。

（9）减温水温度或水量的变化。减温水温度降低或减温水量增加时，过热汽温下降。

（10）过热蒸汽压力的变化。运行中由于某个扰动因素，例如调速汽阀开大致使汽压较大幅度地降低，会引起汽温相应降低。

（11）烟气流量。烟气流量增大，会导致汽温升高。

3. 影响直流锅炉过热汽温的主要因素

（1）燃水比对过热蒸汽温度的影响。当直流锅炉的燃料量与给水量不相适应时，出口蒸汽温度变化是剧烈的，而且工作压力越低，变化幅度就越大。如果给水量不变，燃料量增大，由于受热面热负荷比例增加，加热段和蒸发段必然缩短，而过热段相应延长，过热汽温升高；如果燃料量不变，给水量增大，加热段和蒸发段必然延长，过热段缩短，过热汽温下降。从前面的分析可知，在运行中，若要维持过热汽温不变，则必须要保持适当的燃水比。

（2）给水温度对过热汽温度的影响。给水温度升高，若燃料量不变，加热段与蒸发段缩短，过热段加长，使蒸发点前移，最终导致过热汽温的升高；反之，给水温度降低时，若燃料不变，则过热汽温下降。

（3）过量空气系数对蒸汽温度的影响。当过量空气系数增大时，锅炉排烟损失增大，工质吸热量减少，过热汽温下降。另外，由于对流吸热量的比例增大，再热器的吸热比例增大，过热器吸热量减少，过热汽温会下降。

（4）火焰中心位置对蒸汽温度的影响。火焰中心位置与二次配风情况、燃烧器运行方式、煤粉粗细、煤的挥发分及着火早晚等有关。如果火焰中心位置移动，再热器吸热量的变化和锅炉效率的变化将引起过热器吸热量的变化。如果火焰中心上移，过热汽温将下降。

（5）受热面积灰或结渣对蒸汽温度影响。直流锅炉中，工质在受热面内一次流过，完成加热、蒸发和过热的过程。在燃水比不变的条件下，炉膛结渣时，过热汽温有所降低；过热器结渣或积灰时，使过热汽温下降较多，再热器温度升高。前者发生时，调整燃水比可以控制；后者发生时，不可随便调整燃水比，必须在保证水冷壁壁温不超限的情况下调整燃水比。无论哪个部位结焦，应尽量投入蒸汽吹灰，保持受热面清洁，减少结渣或积灰对汽温的影响。

总之，对于直流锅炉，在保证水冷壁温度不超限的情况下，几种影响都可以通过调整燃水比来消除。因此，在锅炉运行中，保持合适的燃水比可使直流锅炉的过热汽温保持在额定值附近。

4. 四角切圆燃烧汽包锅炉概述

锅炉为汽包自然循环、四角切圆燃烧、直吹式制粉系统、一次中间再热、摆动燃烧器调温、平衡通风、单炉膛Π形布置、全钢架全悬吊结构、紧身封闭、固态排渣煤粉炉。

资源库6_汽包锅炉本体结构

锅炉为单炉膛，膜式水冷壁，在炉膛上部布置壁式再热器和全大屏过热器，炉膛出口处布置后屏过热器，炉内还布置了顶棚过热器和包墙过热器。水平烟道中沿烟气流向依次布置了中温再热器、高温再热器和高温过热器。在后竖井烟道中沿烟气流向依次布置了低温过热器和省煤器。锅炉的尾部烟道布置了两台空气预热器。

锅炉炉膛采用百叶窗式水平浓淡喷口摆动式直流燃烧器、四角布置、切圆燃烧方式，四角燃烧器喷口中心线分别与炉膛中心的两假想圆相切，1、3号角反向切小圆，

2、4号角正向切大圆。燃烧器喷嘴为摆动式，燃烧器上组两个顶二次风喷口可上下摆动±15°，中组和下组喷口能上下摆动±30°，燃烧器中、下组喷口的摆动由气动执行器带动完成，每角每组燃烧器配一个气动执行器。

锅炉采用平衡通风方式。炉膛下方固态排渣方式，并配备一台刮板捞渣机。锅炉随汽轮机运行方式可采用定压运行方式，也可采用定-滑-定运行方式。锅炉能带基本负荷，并具有变负荷调峰能力的负荷特性。

5. 对冲燃烧直流锅炉概述

锅炉为变压直流炉、单炉膛、一次再热、平衡通风、露天岛式布置、固态排渣、全钢全悬吊结构、对冲燃烧方式，Π形煤粉炉。

炉膛四周为全焊式膜式水冷壁，炉膛由下部螺旋盘绕上升水冷壁和上部垂直上升水冷壁两个不同的结构组成，两者间由过渡段水冷壁和水冷壁中间过渡联箱连接。炉膛下部水冷壁（包括冷灰斗水冷壁、中部螺旋水冷壁）都采用螺旋盘绕膜式管圈。中部螺旋水冷壁管（除冷灰斗采用光管外）采用内螺纹管。上炉膛水冷壁采用结构较为简单的垂直管屏。

资源库7_对冲燃烧直流锅炉本体结构

省煤器位于后竖井烟道内，沿烟道宽度方向顺列布置。省煤器水平段管组通过包墙吊挂管支吊在锅炉大板梁上。过热器受热面由四部分组成。第一部分由顶棚及后竖井烟道四壁及后竖井分隔墙、吊挂管过热器组成；第二部分是布置在尾部竖井后烟道内的低温过热器；第三部分是位于炉膛上部的屏式过热器；第四部分是位于折焰角上方的高温过热器。

四、 完成任务

登录相关的发电机组仿真平台，严格按照参数调整方式进行练习。

（1）通过本次学习，掌握汽包炉过热器动态特性，掌握过热蒸汽温度在不同扰动下的动态特性，能正确分析不同扰动下蒸汽温度的变化，掌握主蒸汽温度变化的影响因素，了解系统控制过程，能熟练通过调节来维持主蒸汽温度稳定。

（2）通过本次学习，掌握汽包炉再热器动态特性，掌握再热蒸汽温度在不同扰动下的动态特性，能正确分析不同扰动下蒸汽温度的变化，掌握再热蒸汽温度变化的影响因素，了解系统控制过程，能熟练通过调节来维持再热蒸汽温度稳定。

（3）通过本次学习，掌握直流炉过热器动态特性，掌握过热蒸汽温度在不同扰动下的动态特性，能正确分析不同扰动下蒸汽温度的变化，掌握主蒸汽温度变化的影响因素，了解系统控制过程，能熟练通过调节来维持主蒸汽温度稳定。

（4）通过本次学习，掌握直流炉再热器动态特性，掌握再热蒸汽温度在不同扰动下的动态特性，能正确分析不同扰动下蒸汽温度的变化，掌握再热蒸汽温度变化的影响因素，了解系统控制过程，能熟练通过调节来维持再热蒸汽温度稳定。

（5）通过本次学习，掌握流化床锅炉动态特性，掌握蒸汽温度在不同扰动下的动态特性，能正确分析不同扰动下蒸汽温度的变化，掌握蒸汽温度变化的影响因素，了解系统控制过程，能熟练通过调节来维持蒸汽温度稳定。

五、 任务评价

根据工作任务的完成情况，对照评价项目和技术标准规范，逐项评价，确定技能水平和改进的要求。任务评价表见表1-2-1。

表1-2-1 任务评价表

内 容		评 价	
学习目标	评价项目	个人评价	教师评价
知识目标	掌握过热器的动态特性		
	掌握再热器的动态特性		
	掌握汽包炉过热器的汽温特性		
	掌握直流炉过热器的汽温特性		
	掌握再热器的汽温特性		
	掌握影响主再热汽温的主要因素		
	掌握汽包炉过热汽温的调节方法		
	掌握汽包炉再热汽温的调节方法		
	掌握直流炉过热汽温的调节方法		
	掌握直流炉再热汽温的调节方法		
	掌握循环流化床锅炉汽温的调节方法		
技能目标	验证汽包炉过热器的汽温特性		
	验证直流炉过热器的汽温特性		
	验证再热器的汽温特性		
	调整汽包炉过热汽温，稳定燃烧		
	调整直流炉过热汽温，稳定燃烧		
	调整汽包炉再热汽温，稳定燃烧		
	调整直流炉再热汽温，稳定燃烧		
	调整循环流化床锅炉汽温，稳定燃烧		
素质目标	沟通能力		
	团队合作能力		
	方法创新能力		
	突发事件处理能力		
改进要求			

六、 课后练习

（1）简述现代高参数大容量锅炉的过热器组合方式。

（2）汽包锅炉汽温手动调整的注意事项是什么？

（3）直流炉过热汽温的调节方法有哪些？

（4）直流炉正常运行，启动分离器出口蒸汽温度到达饱和值时应该如何处理？

（5）汽包炉燃烧器摆角和再热汽温有什么关系？

（6）循环流化床锅炉汽温调节方法有哪些？

（7）负荷稳定不变的情况下，燃料水分增多会产生什么影响？

（8）负荷稳定不变的情况下，燃料颗粒变粗会产生什么影响？

工作任务三 给 水 调 节

一、 任务描述

给水调节是确保锅炉安全稳定运行的重要环节，在各种负荷下，应连续均匀地向锅炉进水，保持汽包炉（直流炉湿态时的启动分离器）水位或直流炉转干态后的燃水比在允许的范围内波动，使给水量与蒸发量相适应，保证锅炉水循环的稳定，从而保证锅炉运行的安全。任务描述如下：

（1）调节汽包炉给水，学习汽包炉动态特性，了解汽包炉给水调节特点，掌握汽包水位变化的影响因素与调节方法，了解系统控制策略及控制过程，学习汽包水位监视与调节的方法。

（2）直流炉湿态工况下的给水调节方法，学习直流炉动态特性，了解直流炉给水调节特点及调节原理，了解系统控制策略及控制过程，学习汽水分离器水位监视与调整策略。

（3）调节干态工况下直流炉给水，学习直流炉的动态特性，了解直流炉给水调节特点及调节原理，学习中间点温度的设定及控制逻辑，了解系统控制策略及控制过程，学习直流炉燃水比的设定与调节。

二、 任务分析

这项任务需要掌握汽包炉和直流炉的特性的区别，熟知汽包炉和直流炉的给水调节原理和特点，掌握汽包水位变化的因素及调节方法，掌握直流炉中间点温度的设定及控制逻辑，了解给水控制系统的控制策略及控制过程。

1. 汽包炉的给水调节

汽包炉的给水调节是为了保持汽包水位的正常。锅炉运行时，水位调节就是调整给水，水位低则增加给水，水位高则减少给水。一般机组配置两台50％汽动给水泵和一台30％电动给水泵，不可调主给水管路和可调30％旁路给水管路。在锅炉启动初期和带低负荷时，用给水旁路门和给水泵转速联合调整给水，此阶段汽包压力和蒸汽流量都很低，如果只用给水泵转速调整，则给水压力高，给水流量大，容易使汽包水位忽高忽低。当锅炉负荷大于30％时，给水旁路调节门关闭，只用给水泵转速调整给水流量。水位调整如下所述。

资源库8_汽包水位调节

（1）当负荷缓慢增加时，主蒸汽流量增加，主蒸汽压力下降，水位降低，此时应根据情况适当增加给水流量。使之与主蒸汽流量相适应，保持水位正常。

（2）当负荷缓慢降低时，主蒸汽流量降低，主蒸汽压力升高，水位将升高，应根据情况适当减小给水流量，使之与主蒸汽流量相适应，保持汽包水位正常。

（3）当负荷急剧增加时，主蒸汽流量增加，主蒸汽压力下降，负荷突升使汽包压力下降引起汽包水位先上升，由于此时给水流量小于蒸汽流量，水位的升高是暂时的，很快会下降，不可过多减少给水流量；手动调节时，不可盲目减少给水流量，而应尽快恢复负荷，保持汽包压力，若一时无法恢复，应增加燃料量，待汽包压力恢复、汽包水位即将有下降趋势时立即增加给水流量，使给水流量与主蒸汽流量相适应，保持汽包水位正常。

（4）当负荷急剧降低时，主蒸汽流量下降，主蒸汽压力升高，负荷突降使汽包压力升高引起汽包水位先降低，由于此时给水流量大于蒸汽流量，水位的下降是暂时的，很快会上升；手动调节时，切不可盲目增加给水流量，而应尽快恢复负荷，保持汽包压力，若一时无法恢复，应减少燃料量，待汽包压力恢复、汽包水位即将有上升趋势时立即减小给水流量，使给水流量与主蒸汽流量相适应，保持汽包水位正常。

（5）若煤质变差或燃料量突降使汽包压力下降引起水位升高时，应先设法恢复燃料量，若暂时无法恢复，应立即减少给水流量，使之与蒸汽流量相适应。

（6）机组 RB 时，由于 RB 动作后汽轮机切为 TF 方式，汽包水位有先降后升的过程，两台给水泵如仍在自动方式下能保证汽包水位在正常范围内，则不宜切手动，应使给水流量与蒸汽流量相匹配。

（7）若由于给水压力和炉管泄漏引起汽包水位下降时，应尽量恢复给水压力，维持给水流量与蒸汽流量相适应，使汽包水位恢复正常；若无法维持汽包水位，应及时减少燃料量，降低汽包压力及锅炉负荷，以维持汽包水位。

（8）出现虚假水位时，还应根据实际情况操作，维持正常水位。

2. 直流炉中湿态循环工况下的给水调整

（1）锅炉启动过程及负荷低于 21%BMCR 时，应控制分离器储水罐水位为 10 000～16 500mm，主给水流量要保持在 21%BMCR，锅炉启动系统处于 361 阀和启动疏水泵控制方式，保证储水罐水位在正常范围。

（2）负荷小于 30%BMCR 时，给水流量由给水旁路调节；超过 30%BMCR 时，应将旁路切换为主路，用给水泵转速控制给水流量。

（3）通过调整电动给水泵再循环调节阀和运行小汽轮机转速，保证必要的上水压差。

3. 直流炉中干态工况下的给水调整

（1）超临界直流炉的给水自动控制以燃水比为基础，为了减少给水调整对主蒸汽温度的影响，在燃水比控制中，引入了焓控制器动态校正环节。

（2）给水初步指令接受锅炉主控指令，经给水加速信号、燃水比修正、燃水交叉限制及各工况的流量限制校正后，得到给水初步指令。

（3）给水初步指令经过焓值调节器修正后，形成给水主控输出指令，改变运行汽动给水泵转速，实现给水自动调节。

（4）手动调节给水流量，控制中间点过热度为 10～20℃。调节汽动给水泵转速，由中间点温度变化率决定。

4. 直流锅炉湿态转干态

（1）机组在30％额定负荷时，锅炉由湿态转干态运行。逐渐增加燃料量，维持给水流量500t/h左右（具体流量还要根据溢流阀开度情况综合判断），使储水箱水位逐渐降低，溢流阀全关并解除自动，锅炉转干态运行，期间给水调整要缓慢，防止出现水量减少过多，分离器出口过热度突升的现象，锅炉转干态直流后，维持分离器出口10～30℃的过热度，投入暖阀系统，调整暖阀流量为1.5t/h，继续升压前应关闭361阀前电动门，防止误开造成361阀后设备损坏。

（2）锅炉转干态运行后，给水流量开始随燃料量增加，维持燃水比。给水应根据负荷、燃水比及中间点温度调整，既要满足负荷的需要又要保证各受热面不超温，防止燃水比失调造成参数大幅波动。

（3）并泵后，当汽动给水泵（简称汽泵）投入自动后，电动给水泵（简称电泵）自动切手动。电泵与汽动给水泵不能同时投自动。在进行给水管道和给水泵的切换时，应密切注意减温水流量、给水流量及中间点温度的变化，防止汽温大幅波动。

5. 直流锅炉给水自动控制

在机组启动后低负荷阶段，由给水旁路调节阀控制给水流量，电动给水泵转速控制给水差压。当负荷逐渐增加，给水旁路调节阀全开时，主给水电动门打开，这时由电动给水泵转速控制压差切换到控制给水流量。当机组负荷不断增大时，启动汽动给水泵，正常运行情况下，两台汽动给水泵运行通过焓值输出指令控制汽泵转速，从而实现给水流量控制。给水控制投入自动后，通过控制汽泵转速实现控制省煤器入口流量自动控制。

（1）温差控制。温差控制输出送到分离器出口焓值设定回路，对焓值设定进行修正，从而改变给水流量，实现设定焓值的匹配。温差控制投入后，温差修正焓值设定，通过对分离器出口焓增的修正实现过热器入口温度控制，最终通过给水流量来达到和温度匹配的要求。温差控制可以对减温水量进行校正调节。它以控制一级减温器入口温度来实现过热器内主蒸汽的温升，从而保持一定的减温水量。一级减温器入口温度设定值的形成是由一级过热器出口温度加锅炉负荷指令的一个偏移量，此偏移量是负荷指令的函数。温差控制的目的是使机组在不同负荷过程中合理使用一级喷水减温，喷水原则是低负荷时基本不使用一级喷水，随着负荷的升高逐渐增大喷水比例，用于汽温的细调。

（2）焓值控制。焓值控制是控制分离器出口蒸汽焓值，通过给水调节燃水比使其接近设定值。分离器出口焓值的设定值等于锅炉负荷指令的函数形成的焓值加上温差控制输出焓值的修正值。由于分离器前受热面的吸热量约占工质热量的60％，这些受热面包括对流、辐射等受热面，具有一定的代表性，而且惯性小，因此选择分离器出口蒸汽焓值作为燃水比信号，能获得较好的控制质量。焓值控制输出对给水流量指令进行修正。

（3）给水流量控制。给水流量控制是将省煤器入口给水流量控制到设定值。给水流量设定值的产生如下：通过负荷指令经函数形成主蒸汽流量和过热器喷水流量，其差值作为给水流量基础定值，再用省煤器出口焓值增量、锅炉承压部件吸热量和分离器出口焓值控制输出进行修正产生给水流量定值。

三、相关知识

（一）给水泵的并泵操作及注意事项

（1）保持锅炉燃烧稳定。

（2）调节待并列给水泵出口压力接近（或略低于）运行给水泵出口压力及母管压力时，开启待并列给水泵出口电动门。

资源库 9_给水泵并泵

（3）缓慢提升待并列给水泵转速，同时缓慢降低运行给水泵转速，逐步关小待并列给水泵再循环调整门，调整两台给水泵出口压力至相等，保证给水压力及省煤器入口流量稳定。

（4）根据流量、压力、转速、电流、再循环调整门开度等判断并泵情况，平衡并列运行给水泵负荷。

（5）汽动给水泵组控制方式有手动控制、自动控制和遥控控制，正常运行中，给水泵投遥控控制，在给水泵投遥控控制中，将运行汽动给水泵投入自动，给水主控投自动。启停或异常处理时，可根据需要切换其控制方式。

（6）正常运行中，维持两台汽动给水泵并列运行，30%BMCR 容量的电动给水泵作为启动泵。

（二）汽包锅炉水位动态特性及调整

1. 汽包水位

汽包水位分正常水位、报警水位、紧急放水水位和保护动作水位等。汽包水位标准线一般在汽包中心线下 50～150mm 处，水位波动限制在标准线上下 50mm 以内。

在锅炉运行中应维持水位在正常水位范围内。汽包水位达到报警水位时，应采取紧急措施恢复正常水位。汽包水位达到保护动作水位时，保护装置动作，锅炉自动降低负荷直至机组停止运行。

当汽包水位过高时，汽包蒸汽空间高度减小，汽水分离效果下降，蒸汽携带水分增加，蒸汽品质恶化；水位严重过高时，蒸汽大量带水，过热汽温急剧下降，蒸汽管道、汽轮机温度剧变，产生很大的热应力，还可能发生水锤，打坏汽轮机叶片等严重事故。水位过低会引起下降管进口带汽和汽化，使水循环恶化。

蒸发设备存水量随着锅炉容量增大而减小。例如 200MW 自然循环锅炉蒸发设备的存水量仅为锅炉蒸发量的 2.5%。因此蒸发设备进出质量流量有少量的不平衡也会引起水位迅速变化，短时间内就会发生水位事故。在 100%MCR 负荷下，汽包处于正常水位，如果给水中断，几十秒内汽包存水就会被蒸干。

资源库 10_影响锅炉汽包水位的因素

2. 水位动态特性

运行中影响锅炉汽包水位的因素有三个方面。

（1）蒸发设备输入与输出质量的平衡，即锅炉给水流量与蒸汽流量的平衡关系，这是引起水位变化的根本原因。

（2）蒸汽压力变化引起水、汽体积的变化，从而影响汽包水位。其中主要是蒸汽体积的变化，例如汽压上升，蒸汽密度增大，体积减小，则汽包水位下降。不同压力下饱和水比体积 v' 和饱和蒸汽比体积 v'' 见表 1-3-1。从表 1-3-1 可以看出，压力越高，比体积就越小，且随着压力升高，比体积变化也越小。因此压力越低，比体积对水位的影响就越大。

表 1-3-1　　　　　　不同压力下，饱和蒸汽、饱和水比体积及其倍数

压力（MPa）	8	10	12	14	16	18	20
v''（m³/kg）	0.023 49	0.018	0.014 25	0.011 49	0.009 33	0.007 534	0.005 873
v'（m³/kg）	0.001 384	0.001 453	0.001 527	0.001 61	0.001 71	0.001 838	0.002 038
比体积倍数	16.97	12.39	9.33	7.13	5.46	4.10	2.88

（3）水位以下蒸汽量变化，例如水冷壁吸热增多，产汽量增大，水位以下蒸汽体积增大，水位上升。水变为蒸汽会使体积成倍增加，引起水位迅速变化。不同压力下，饱和蒸汽比体积 v'' 是饱和水比体积 v' 的倍数见表 1-3-1。由表 1-3-1 可知，随着压力升高，饱和水变为饱和蒸汽体积增加的倍数减少，所以压力越低，水位以下蒸汽量变化对水位的影响就越大。

由以上分析可知，凡是影响给水流量、蒸汽流量、蒸汽压力及水位以下蒸汽量变化的扰动都会引起水位的变化，例如机组负荷、燃烧工况和给水压力的变化等。由于炉水处于饱和状态，在压力变化时不仅工质比体积变化，也会造成水位以下蒸汽量的变化。例如外界负荷降低时，压力升高，对应饱和温度升高，水位以下蒸汽量就会减少，水位降低，同时水、汽体积也会减少，使水位下降。

3. 虚假水位及产生的原因

（1）虚假水位。在影响水位的因素中，工质比体积和水位以下蒸汽量变化均会引起水位变化，这种不是由于蒸发设备进出质量流量不平衡引起的水位变化现象称为虚假水位。虚假水位是真实存在的水位，并非想象出来的看不见的水位，之所以说其虚假，只是说该水位是暂时的，不是长久的，是针对汽包进出口平衡而言，不应发生的水位变化。虚假水位是能够测量和看到的，有时虚假水位会非常严重，如果发现不及时，调整不果断，常常会发生事故。

（2）虚假水位产生的原因。从本质上讲，引起虚假水位的原因有两类，一类是由于系统压力的突然变化，引起饱和温度的突然升高或降低，导致水冷壁内炉水突然大量产生气泡或气泡大量破灭，这种虚假水位称为压力型虚假水位。因为在中压下气泡的比体积是水比体积的 40 倍左右，所以水冷壁内气泡的产生或破灭就会引起汽包水位的剧烈变化，外界引起的汽包压力变化越剧烈，虚假水位就会越严重，水位变化也就越大。

第二类是由于燃烧的突然变化，水冷壁吸热的突然增强或减弱，造成水冷壁内炉水大量产生气泡或使气泡大量破灭，从而引起汽包水位快速变化，这种虚假水位为热力型虚假水位。例如锅炉燃烧突然减弱，水冷壁吸热突然减少，使炉水内气泡大量破灭，造成汽包水位急剧下降；反之，由于燃烧突然增强，会造成汽包水位急剧上升。

在研究虚假水位时，可以把汽包、水冷壁、下降管合起来看作是一个大的容器，假设进出口流量是平衡的，这个大容器暂时没有工质的进出，这样才能看清汽包虚假水位的实质。因为工质的比体积随压力和温度变化较小，但当水发生汽、液变化时其比体积变化很大，并且倍数随压力和温度变化也很大。因此，蒸发系统内特别是水冷壁内的气泡多少及变化速度才是引起汽包虚假水位的关键。

4. 锅炉水位的调节

锅炉的水位是衡量正常供汽和安全运行的重要指标。锅炉在运行时应使水位保持在正常水位线处，允许有轻微的波动。任何情况下，锅炉的水位都不应降低到最低水位线以下或上升到最高水位线以上。水位允许的变动范围，不得超过正常水位线上下50mm。为了保持水位计灵敏清晰并防止堵塞，要定期冲洗水位计。如遇到看不清水位计内的水位时，应立即检验水位计，查明锅炉实际水位。在未查明锅炉内实际水位时，不得向锅炉上水。

锅炉在运行时为了保持汽压和水位稳定，须连续不断地给锅炉上水。如果采用给水自动调整装置来调节水位，就能保持水位的稳定。当自动调整装置失灵时，应立即换成手动操作，以免酿成事故。

锅炉在运行中，水位是经常变化的。水位的变化，一方面反映给水量与蒸发量之间的物质平衡关系；另一方面，在工况变动过程中，也反映汽包内气泡量的变化情况。

一般情况下，水位的调节是通过改变给水调节阀来实现的。水位高时，关小调节阀；水位低时，开大调节阀。

当出现虚假水位时，不要急于调整水位。如负荷急剧上升时，水位先上升，这时由于蒸发量大于给水量，水位上升是暂时的，很快就要下降，因而不要急于去关小给水调节阀，而应该先调节好燃烧，待水位即将下降时，再增加给水量，恢复水位。如果虚假水位很严重，水位上升幅度很大，有可能造成满水或过水，应暂时关小给水调节阀，待水位开始下降时，迅速增加给水，恢复水位。

从虚假水位产生的原因可知，要想使虚假水位控制在保护动作值之内，就必须减小系统压力变化幅度和燃烧变化幅度，从而减小水位变化幅度。要预防水位异常及正常调节要做到以下几点：

（1）能正确判断水位变化的趋势。只有正确判断水位变化的趋势，调整给水流量时才能把握正确的方向，如果方向判断错误，那么结果肯定是南辕北辙。

（2）能预判虚假水位的严重程度。要做到准确判断某一异常会造成水位变化多少是非常困难的，也不可能做到，但是一定要大概判断出某些异常对虚假水位影响的大小，只有正确判断虚假水位的严重程度，才能正确调整给水量的大小，才能尽快把水位调回正常。

（3）调整给水量要迅速和果断。异常来临时，反应必须要快，调整给水量必须尽快到位，给水投自动时，要迅速解除给水自动，手动调节。例如，某异常情况造成水位大幅上升，此时就要大幅度减小给水流量，事故放水动作也不能强关，只要水位上升不停止，减少给水流量也不能停止，只有等到水位开始下降时，才能适当增加给水流量，增加量一方面要参考蒸汽流量，另一方面要看异常前的给水流量。同样，发生异常造成水位大幅下降时，就要大幅度增加给水流量，只有等到水位稳定上升时，才能适当减少给水流量。一般情况下，只要在第一波水位波动时，迅速调整，使水位保护不动作，那么后来的波动幅度就会越来越小，容易处理。另外，也要把握好回调时机和幅度，比较大的异常，往往把汽包水位推到保护动作的边缘，当发现水位向反方向变化时，就要注意回调给水流量，防止回调不及时造成水位保护动作。

四、完成任务

登录相关的发电机组仿真平台，严格按照提纲完成给水调节的学习任务。

（1）通过本次学习，掌握汽包炉动态特性，了解汽包炉给水调节特点，掌握不同扰动下给水流量的动态特性，掌握汽包水位变化的影响因素，了解给水控制系统的控制策略及控制过程，能够熟练进行汽包水位的监视与调节。

（2）通过本次学习，掌握直流炉动态特性，了解湿态工况下直流炉给水调节特点及调节原理，掌握直流炉给水控制策略，能够熟练地对锅炉湿态运行时汽水分离器的水位进行监视和调节。

（3）通过本次学习，掌握直流炉动态特性，了解干态工况下直流炉给水调节特点及调节原理，掌握直流炉给水控制策略，掌握中间点温度的设定及控制逻辑，能够熟练地对锅炉干态运行时的燃水比进行监视和调节。

五、任务评价

根据工作任务的完成情况，对照评价项目和技术标准规范，逐项评价，确定技能水平和改进的要求。任务评价表见表1-3-2。

表1-3-2　　　　　　　　　　任务评价表

内　　容		评　　价	
学习目标	评价项目	个人评价	教师评价
知识目标	掌握汽包炉的特性		
	掌握直流炉的特性		
	掌握汽包炉给水调节原理		
	掌握直流炉给水调节原理		
	掌握汽包水位变化的影响因素		
	掌握汽包水位调节方法		
	掌握直流炉中间点温度的影响		
	掌握直流炉中间点温度的控制方法		
技能目标	稳定调节汽包水位		
	湿态工况下，稳定汽水分离器水位		
	干态工况下，稳定燃水比，稳定汽温、汽压		
	正确调整电动给水泵勺管开度		
	正确调整汽动给水泵转速		
	验证中间点温度对于蒸汽温度的影响		

内　　容		评　　价	
学习目标	评价项目	个人评价	教师评价
素质目标	沟通能力		
	团队合作能力		
	方法创新能力		
	突发事件处理能力		
改进要求			

六、　课后练习

（1）简述锅炉给水泵系统的配置。

（2）简述影响汽包水位的因素。

（3）简述直流炉湿态转干态时的给水控制。

（4）什么是虚假水位？

（5）汽包压力突变时，汽包虚假水位的变化趋势是什么？

（6）给水泵并泵有哪些注意事项？

（7）单元机组给水系统采用电动给水泵和汽动给水泵联合调节有什么优点？

（8）直流炉给水自动控制中如何实现流量准确控制？

工作任务四　燃　烧　调　节

一、　任务描述

燃烧调节在较大程度上决定了锅炉运行的经济性及蒸汽参数的稳定性。机组运行中，为满足外界负荷变化的需要，锅炉蒸发量必须做出相应变化，同时应对进入炉膛内的燃料量和空气量进行调节，使炉内燃烧放热随时满足锅炉蒸发量的需要。任务描述如下：

（1）学习燃烧被控对象的动态特性，分析不同扰动工况下炉内的燃烧情况。

（2）学习和掌握燃料成分与特性对燃烧的影响。

（3）了解汽包炉的燃烧调节方式，学习炉内燃烧的影响因素，掌握各控制回路的控制策略，学会对机组各控制回路相关参数的监视和控制方法。

（4）了解直流炉的燃烧调节方式，学习炉内燃烧的影响因素，掌握各控制回路的控制策略，学会对机组各控制回路相关参数的监视和控制方法。

（5）掌握循环流化床锅炉的燃烧调节方式，学习炉内燃烧的影响因素，掌握各控制回路的控制策略，学会对机组各控制回路相关参数的监视和控制方法。

二、　任务分析

锅炉燃烧调整的任务如下：①保证锅炉参数稳定在规定范围并产生足够数量的合格蒸汽以满足外界负荷的需要，并维持稳定的汽压；

资源库 11_燃烧调整的任务

②维持炉膛负压稳定，保证锅炉运行安全可靠；③保证良好燃烧，尽量减少不完全燃烧损失，以提高锅炉运行的经济性；④调整燃烧使 NO_x、SO_x 及锅炉各项排放指标控制在允许范围内。

在完成上述任务后，做到燃烧良好，即保证燃烧稳定，火焰均匀地充满整个燃烧室，但不应冲刷到水冷壁，火焰中心不应过高、过低或偏斜，以免结渣。运行方面注意燃烧器一、二次风的出口风速和风率、各燃烧器之间的负荷分配与运行方式、炉膛过量空气系数（即氧量大小）、燃料量与煤粉细度调节，使其达到最佳效果。

在锅炉运行中，燃烧调整通常由燃烧控制系统来完成。燃烧控制系统由燃料量控制系统、风量控制系统和炉膛风压控制系统三部分组成。燃烧控制系统的任务是根据机炉主控制器来调节燃料量、送风量和炉膛风压，使锅炉在安全、经济条件下调节至负荷指令的要求。一般制粉系统或给煤系统调整燃料量，送风机系统调整送风量（氧量），引风机系统调整炉膛风压。

（一）汽包炉的燃烧调整及控制

1. 风量的调整

（1）锅炉正常运行时，配风方式采用基本均等和正宝塔配风。

1）基本均等配风方式：下组燃烧器辅助风挡板开度一致，中组燃烧器辅助风挡板开度一致，下组燃烧器辅助风挡板开度大于中组燃烧器辅助风挡板开度。

资源库 12_风量的调整

2）正宝塔配风方式：辅助风挡板开度由最下层向上逐层减少，周界风挡板开度相同，辅助风挡板和周界风挡板开度随锅炉负荷的增加而开大，随锅炉负荷的降低而关小。

（2）炉膛风量正常时，炉膛火焰为明亮的金黄色，火焰中无明显火星。烟气含氧量为 3%～5%。

（3）当炉膛内火焰炽白刺眼，即烟气含氧量过大时，应适当减少送风量；当炉膛内火焰暗黄色时，应适当增加送风量。

（4）用辅助风挡板来调节大风箱与炉膛的压差。

（5）两台送风机运行时，其出力应基本一致，同时调节。

（6）一、二次风风量的调整是维持炉内正常燃烧工况的主要手段。根据燃烧器的结构特性对不同燃料品种，通过调整试验确定合理的一、二次风风率风速。根据入炉燃料的种类及主要成分、发热量和灰熔点，调整控制一、二次风风压，达到合理配风的要求（适宜的一、二次风及周界风的配比），组织炉内良好的燃烧工况，并及时调整，消除风量偏差。

（7）正常运行时，及时调整送风机、引风机及一次风机的风量或烟气量，维持正常的炉膛压力（－100～－50Pa），锅炉上部不向外冒烟气。同时应维持根据不同燃料试验确定的最佳炉膛出口过量空气系数。

（8）锅炉正常燃烧时，燃料的着火距离适中（300～600mm），火焰稳定，火焰呈明亮的金黄色，且均匀地充满炉膛，火焰不偏斜、不贴墙、不直接冲刷水冷壁。

（9）正常运行中，注意保持一次风压正常，防止风压过低或过高影响炉内燃烧或造成一次风管堵塞。

（10）锅炉炉膛及烟道漏风影响运行的安全及经济性，应尽量减少各部分漏风，各部分漏风率应符合设计要求。正常运行中，应注意锅炉的漏风情况，所有孔门应严密关闭，炉底水封良好。

2. 负荷调节

（1）锅炉负荷变化时，应及时调整给煤机转速和送、引风量，保持汽温、汽压稳定。

（2）锅炉增加负荷时，应先增加风量，随之增加燃料量；反之，锅炉减负荷时，应先减燃料量，后减风量。

（3）加强对燃烧的监视和调整。在变工况运行及煤质变化时，及时调整风量和配风，保持合适的氧量和合理配风，确保煤粉气流着火及燃烧稳定和完全燃烧。煤质变差时，可关小周界风并适当降低一次风率，保持燃烧器较高的煤粉浓度，一次风温尽量维持上限运行。

（4）正常运行中控制负荷变化率不大于 3MW/min，维持汽压在正常范围，以保证机组运行稳定。

（5）当机组出力为 30%～80%时，采用滑压方式，其余工况采用定压方式。

（6）调整负荷时，应注意炉膛压力、氧量、汽包水位和汽温控制，防止炉膛压力过正和过负，防止汽包水位和汽温异常。

（7）保证过、再热器管壁不超温，各段受热面两侧烟气温差不大于 50℃。

（8）根据负荷、煤质、炉膛温度、烟道两侧烟温差、受热面金属壁温、排烟温度等的变化以及飞灰可燃物含量等及时调整配风、风量和燃料量，维持合适的氧量（高负荷或煤质好时 3.5%左右，低负荷或煤质差时 4%左右），组织好炉内良好的燃烧工况，尽量减少不完全燃烧热损失，提高锅炉运行经济性。

3. 燃料量的调整

（1）负荷变化不大时，只调给煤量，其幅度不宜过大。

（2）负荷变化幅度较大，调给煤量不能满足时，通过启停制粉系统的方式来满足负荷的要求，注意不要过调，风煤要协调配合，以防燃烧不稳而灭火。

资源库 13_煤粉量的调节

（3）正常运行时尽量保持多燃烧器较低给煤率（许可范围内）。

（4）切换制粉系统运行时，应先启动备用制粉系统，然后停止要停运的制粉系统。

（5）停运（备用）磨煤机保持一定的冷却风，防止烧坏燃烧器喷口。

（6）及时检查各燃烧器来粉情况，发现来粉少或堵管时应及时处理。

4. 炉膛火焰中心调节

（1）炉膛火焰中心调节的原则：

1）炉膛火焰中心调节过程中，应注意保证火焰中心合适，炉膛有足够的烟气充满度，火焰中心过高或过低会引起燃烧工况的不稳定。

31

2）炉膛火焰中心调节过程中，应注意对其他参数的影响。

3）煤粉正常燃烧时，着火应稳定，燃烧中心适当，火焰均匀分布于炉膛，煤粉着火点距燃烧器喷口 0.5m 左右，火焰中心在炉膛中部。

4）为保证炉膛火焰中心，防止偏斜，力求各燃烧器负荷对称均匀，即各燃烧器来粉量、一次风量、二次风量及风速一致。

5）保持适当的一、二次风配比，即适当的一、二次风速和风率。

6）保持合适的风粉混合比。

7）正常运行时，投入燃烧器为一层四只或对角两只，不能缺角运行。

（2）炉膛火焰中心调节的方法：

1）调整上下层燃烧器的热负荷。

2）调整上下层辅助风挡板的开度。

3）切换上下层磨煤机运行。

4）调整一次风母管压力。

5）调整上下层磨煤机的通风量。

6）调整总风量。

（二）直流炉的燃烧调整及控制

1. 风量的调整

（1）正常运行时，炉膛负压和锅炉风量调整投入自动，运行人员应根据煤质、负荷及实际燃烧情况及时调整偏置设定值，保证锅炉风量满足运行要求，维持炉膛负压在正常范围内，禁止炉膛正压运行，保证锅炉不向外冒烟气。

（2）运行中应根据入炉煤质及机组负荷情况及时对一、二次风量和风压进行调整，组织炉内良好的燃烧工况，使煤粉着火点和扩散角适中，火焰无偏斜、贴墙现象。维持转向室出口处两侧烟温差小于 30℃，最大不超过 50℃。

（3）各层燃烧器的二次风量通过位于各层燃烧器两端的二次风挡板来进行控制。各台燃烧器内外二次风的比例通过调整燃烧器面板上的拉杆来确定，正常运行中不允许随意调整。

（4）一般情况下，锅炉负荷在 70% 时，开启顶部燃尽风门；85% 及以上负荷时，将顶部燃尽风门开至 100%。

（5）投油前打开该层的中心风门，正常运行中，风门应根据负荷、煤质等具体情况进行开关。

（6）根据机组不同负荷供给合适的空气量。一般情况下，80% 及以上负荷时控制烟气含氧量平均为 3%；70% 负荷控制烟气含氧量平均为 4%；50% 负荷控制含氧量平均为 5%。

（7）40% 负荷以下时，锅炉保持定风量运行（保持风量 30%～40% 不变）；40% 负荷后要注意风量和燃料量相匹配。当锅炉增加负荷时，先增加风量，随之增加给煤量；反之，锅炉减负荷时应先减给煤量，后减少风量，并注意风量与燃料量的协调配合。

（8）为减少漏风，锅炉运行过程中，各人孔门、观察孔应处于严密关闭状态。

2. 燃料量的调整

（1）正常运行中 DCS 协调功能投入，燃料量的调整随锅炉负荷需求自动增加或减少。

（2）机组负荷变化不大时，通过调整运行中制粉系统出力来满足负荷的要求。当机组负荷变化较大时，若磨煤机裕量或燃烧器的最低稳燃能量不满足运行要求，可通过启、停制粉系统的方式满足负荷需求。

（3）机组低负荷运行时，应合理安排磨煤机运行方式，保持较高的煤粉浓度；当出现炉膛火焰闪动、火焰不明亮、负压摆动较大时，应及时投油助燃，防止锅炉灭火。

（4）锅炉负荷变化时，应及时调整风量、煤量、给水量以保持汽温、汽压的稳定，其幅度不宜过大，尽量使同层煤粉量一致。调整给煤量不能满足要求时，采用启、停磨煤机的方法。

3. 煤粉燃烧器的调整

（1）正常运行时，同一层标高的前后墙燃烧器应尽量同时运行，不允许长时间出现前后墙燃烧器投运层数大于两层的运行方式。

（2）当锅炉负荷达到（40%～100%）BMCR 时，应使风量与燃料量相匹配，继续升负荷时，应先增风量后增燃料量。

（3）当锅炉负荷处于最低不投油稳燃负荷以下时，应有油枪助燃；当锅炉负荷在最低不投油稳燃负荷以上时，可逐步停运油枪。

（4）当两台以上的磨煤机投运时，负荷稳定后全部运行磨煤机之间的最大出力偏差不应超过 5%。同一台磨煤机对应的燃烧器需同时投停。

（5）当全炉膛有两层及以上煤粉燃烧器在投运时，不允许一侧超过另一侧两层及以上的燃烧器运行。

（6）50% 负荷以下，停运某一层煤粉燃烧器时，应首先将对应的中心风母管的风门置于油枪点火位置，之后投运该层的全部油枪，全部油枪成功投运后将相应的二次风门置于吹扫位置，停相应的给煤机，维持足够的冷风量对磨煤机及相应的煤粉管道进行吹扫。

（7）锅炉不同工况、负荷下，磨煤机的投运数量要使各运行燃烧器的风速与设计值尽可能地接近；燃尽风的风量应使锅炉能够获得低的 NO_x 排放和高的燃烧效率。

（8）锅炉冷态启动时，可从下往上逐层投入燃烧器；锅炉热态启动时，可从上往下逐层投入燃烧器。

（三）循环流化床锅炉的燃烧调整及控制

1. 循环流化床锅炉风量调整

（1）总风量控制器接受锅炉主控输出指令，通过氧量修正和加速控制，经风煤交叉限制和最小风量限制校正形成锅炉总风量输出指令。

（2）氧量控制器接受基础燃料指令及值班员修正，控制氧量输出，修正锅炉总风量。

（3）二次风量接受锅炉总风量输出指令及运行人员修正，满足锅

资源库 14_循环流化床锅炉风量调整

炉燃烧风量、传热需求；二次风压由运行二次风机变频器控制；运行二次风机变频器投自动时，有风压低闭锁频率减功能。

（4）正常运行中通过控制一次风机变频器输出调整一次风量，左、右侧热一次风量调节挡板全开。

（5）高压流化风压控制在 50kPa 左右运行，由值班员手动设定；各运行高压流化风机入口挡板自动调节。

2. 锅炉燃料量调整

（1）正常运行中，给煤机投自动运行，自动跟踪给煤主控制器输出指令。可通过分配系数调节，以满足锅炉的需要；异常情况下手动控制给煤。

（2）正常情况下，尽量少使用投停给煤机的方式调整燃料量。

（3）异常、检修或事故时，可将给煤主控制器投手动，由值班员手动控制总的给煤量；也可将个别给煤机投手动控制，以满足实际需要。此时应注意防止锅炉热负荷偏差过大，防止燃水比、风煤比严重失调。

资源库 15_循环流化床锅炉负荷调整

3. 炉膛压力控制

（1）正常运行中，炉膛压力控制投自动方式，通过控制两台引风机动叶开度维持炉膛出口在正常范围运行。

（2）引风机投自动时，自动跟踪炉膛压力，根据实际情况设定目标值。

（3）根据两台引风机运行情况，可手动设定偏置，均衡两台引风机的负荷。

（4）在单台或两台引风机动叶控制器切手动控制时，注意调整控制锅炉负压、两台引风机的负荷及偏差，维持锅炉工况的稳定。

（5）两台运行的引风机中一台突然故障时，及时将运行的引风机切手动控制或限定该引风机动叶的输出开度，防止引风机过电流跳闸。

（6）在两台运行引风机负荷偏差较大或锅炉异常工况下，应注意防止引风机进入不稳定运行区而产生"喘振"。

（7）在炉膛压力控制中设置了 ±0.02kPa 死区修正，防止干扰信号造成的引风机动叶频繁动作。

4. 炉膛温度控制

（1）炉膛床温控制。

1）正常运行中，炉膛床温以炉膛平均床温测点指示为准。

2）正常运行中，应将床温控制为 870～950℃，最高不超过 960℃；相邻点偏差小于 50℃，任意点偏差小于 80℃。

资源库 16_循环流化床锅炉床温控制

3）上下二次风配比、稀相区物料浓度、床压、煤泥掺烧比例是正常运行中床温的主要调整手段；一次风量、入炉煤量、煤质可作为床温调整的辅助手段。

4）启停过程中，床温主要通过调整燃料量、二次风量及床压来调整。

5）事故情况下可用一次风量辅助调整床温，在床温大幅波动时，应特别加强对中间点温度及主再热蒸汽温度的监控。

6）炉膛左右床温的偏差主要决定于给煤量、一二次风量、物料循环的均匀性及流化工况。

（2）炉膛烟温、旋风分离器出口烟温控制。

1）炉膛上部烟温和旋风分离器出口烟温取决于炉膛负荷、床温、物料循环强弱、锅炉风量配比及旋风分离器的工况及给煤的均匀性。

2）正常运行中，应将炉膛烟温、旋风分离器出口烟温控制为 840～890℃，最高温度不超过 950℃；各点烟温偏差小于 50℃。

3）正常运行中返料器温度出现异常升降，应及时检查返料器流化情况，必要时可手动调整流化风门进行控制，防止返料器、立管堵塞或结焦。

4）运行中应注意各返料温度的监控，必要时可手动调整相应的流化、松动风门进行控制，防止堵灰或结焦。

5. 炉膛床压控制

（1）炉膛床压的控制。

1）炉膛床压监视以炉膛平均差压为准。炉膛床压反映了布风板阻力、床料量及炉膛流化的变化情况。

2）正常运行中，应将炉膛床压控制为 6～8kPa。

3）床压控制主要通过冷渣器排底渣及冷灰器排循环灰来实现。

资源库 17_循环
流化床锅炉
床压控制

4）正常运行中，床压突然出现大范围的波动时，应立即检查一二次风量和风压、风量调节阀开度及一二次风机是否正常，并注意炉膛流化状况及炉膛物料循环是否正常，必要时需及时将相应控制器切手动调整，防止出现炉内结焦。

（2）炉膛上部差压的调整控制。

1）正常运行中，应将炉膛上部差压控制为 0.4～1.4kPa。

2）悬浮段差压过大时，应加强中间点温度、水冷壁及屏式过热器管壁温度、炉膛流化、物料循环及主再热蒸汽温度的监视。及时停运煤泥掺烧系统，通过冷灰器排循环灰、适当降低一二次风量、降低锅炉床压、调整入炉煤及石灰石的品质和粒度。

3）悬浮段差压过小时，应加强床温、旋风分离器出口烟温、主再热蒸汽温度的监视，及时启动煤泥掺烧系统，降低冷灰器出力或停用冷灰器，适当提高一二次风量和床压等，防止床温过高。

（3）立管压力的控制。

1）正常运行中，返料器实现物料进出的自平衡，应无物料的过多堆积，流化风流量稳定。

2）当返料器立管压力出现异常波动及持续上涨时，应立即检查对应返料器流化风量、高压流化风压、锅炉床压、上部差压、返料器温度、冷灰器出力等，判断原因及时处理。

3）当立管压力和返料器流化风量异常时，加强对床温、旋风分离器出口温度、尾部温度、锅炉床压及主再热蒸汽温度的监控。

三、相关知识

1. 影响燃烧的因素

（1）煤质影响。燃煤中挥发分含量高，煤粉的着火温度将降低，容易燃烧。挥发分含量低的煤，煤粉的着火温度相应升高，着火热就相应增大，因而燃用挥发分低的煤种时着火就困难，达到着火所需时间就长，着火距离远。在相同的风粉比条件下，挥发分降低，煤粉火焰传播的速度将显著降低，从而使火焰扩展条件变差，着火速度减慢，燃烧稳定性降低。

灰分过高的煤着火速度慢，燃烧稳定性差，而且燃烧时由于灰分容易隔绝可燃质与氧化剂的接触，因而灰分大的煤燃尽性能也较差。煤的灰分越高，加热灰分造成的热量消耗就越多，使燃烧室温度下降，对炉内燃烧工况产生直接的影响。

水分对燃烧过程的影响主要表现在水分大的煤着火困难，且会延长燃烧过程，降低燃烧室温度，增加不完全燃烧及排烟热损失。因为煤燃烧时，水分蒸发需要吸收热量，使煤的实际发热量降低、燃烧温度下降。此外，煤的水分过高时还将影响煤粉细度及磨煤机的出力，并将造成制粉系统的堵煤或堵粉，严重时甚至引起燃烧异常等故障情况。

（2）煤粉细度的影响。煤粉越细，表面积就越大，在其他条件相同的情况下，加热时温升就越快，挥发分的析出、着火及化学反应速度也就越快，因而越容易着火。煤粉越细，所需燃烧时间就越短，燃烧也就越完全。当然煤粉也不是越细越好，适当的煤粉细度可使排烟热损失和固体未完全燃烧损失以及制粉设备的电耗和金属消耗（即设备磨损）的总和为最小。总损失最小时的煤粉细度，称为煤粉的经济细度。

（3）一次风量、风速、风温的影响。正常运行中，减少风粉混合物中的一次风量，一方面相当于提高煤粉的浓度，使煤粉的着火热降低；另一方面，在同样高温烟气量的回流下，可使煤粉达到更高的温度，因而可加速着火过程，对煤粉的着火和燃烧有利。但一次风量过低，会由于着火初期得不到足够的氧气，使反应速度减慢而不利于着火扩展。一次风量应以能满足挥发分的燃烧为原则。

一次风速过高，会降低煤粉气流的加热程度，使着火点推迟，引起燃烧不稳，且煤粉也不易完全燃烧，特别是降低负荷时，由于炉内温度较低，甚至有可能产生火焰中断或熄火，此时，应设法降低一次风速。但一次风速过低会造成一次风管堵塞，而且着火点过于靠前，还可能烧坏燃烧器喷口。

一次风温越高，煤粉气流达到着火点所需的热量就越少，着火速度就越快。但一次风温过高，对于燃用高挥发分的煤种时，往往会由于着火点离燃烧器喷口过近而造成结渣或烧坏燃烧器。反之，一次风温过低，则会使煤粉的着火点推迟，对着火不利。

（4）燃烧器特性的影响。对于同一台锅炉而言，燃烧器出口截面越大，混合物着火结束离开喷口距离就越远，即火焰相应拉长。小尺寸燃烧器能增加煤粉气流点燃的表面积，使着火速度加快，着火距离缩短，一方面将使炉膛出口温度不致过高，另一方面又能燃烧完全。直流燃烧器着火区的吸热面积虽较小，但由于能得到炉膛中温度较高烟气的混入和加热，因而在着火条件上还是比较好的。直流燃烧器组织切圆燃烧时后期煤粉与空气的混合较充分，而且可根据不同燃料对二次风混入时间的要求进行结构和布置特性上的设计，以改善燃尽程度。旋流燃烧器着火区的吸热面积大，着火条件好，能独立着火燃烧，特别是在大型锅炉上采用时可有效地解决炉膛出口烟气的偏斜问题，但对煤种的适应性较差。

（5）锅炉负荷的影响。锅炉负荷降低时，炉膛平均温度降低，燃烧器区域的温度也要相应降低，对煤粉气流的着火不利。当锅炉负荷降低到一定值时，为了稳定炉火，必须投油枪进行助燃。无助燃油枪时，煤粉能稳定着火和燃烧的锅炉允许最低负荷，与锅炉本身的特性、所燃用的煤种和燃烧器的形式等有关。燃用低挥发分煤种或劣质烟煤时，其最低负荷值要升高；燃用优质烟煤时，其值便可降低。锅炉全烧煤时的允许最低负荷，应通过燃烧试验来确定。

（6）炉膛过量空气系数的影响。炉膛过量空气系数过大，将使炉膛温度降低，对着火和燃烧都不利，而且还将造成锅炉排烟热损失的增加；过量空气系数过小时，又将造成缺氧燃烧，使燃烧不完全。

（7）一次风与二次风配合的影响。一、二次风的混合特性也是影响着火和燃烧的重要因素。二次风在煤粉着火以前过早地混合，对着火是不利的。因为这种过早的混合等于增加了一次风量，将使煤粉气流加热到着火温度的时间延长，着火点推迟。如果二次风过迟混入，又会使着火后的燃烧缺氧。故二次风的送入应与火焰根部有一定的距离，使煤粉气流先着火，当燃烧过程发展到迫切需要氧气时，再与二次风混合。

（8）燃烧时间的影响。燃烧时间对煤粉燃烧完全程度影响很大。燃烧时间的长短主要取决于炉膛容积的大小。一般来说，容积越大，煤粉在炉膛中流动的时间就越长。此外，燃烧时间的长短还与火焰充满程度有关，火焰充满程度差，就等于缩小了炉膛容积，使煤粉颗粒在炉膛中停留的时间变短。燃用低挥发分的煤种时，一般应适当加大炉膛容积，以延长燃烧时间。另外，炭粒的燃尽占了燃烧过程的大部分时间和空间，因此尽量缩短着火阶段，可以增加燃尽阶段的时间和空间，有利于炭粒的燃尽。

2. 中心风和燃尽风

中心风是从燃烧器的中心风管内喷出的直流风，风量不大（约为总风量的10%），用于冷却一次风喷口并控制着火点的位置，油枪投入时，则作为根部风。燃尽风是两排横置于主燃烧区（所有旋流燃烧器）之上的直流风，其设计风量约为总风量的15%。

燃尽风的加入，使分级燃烧在更大的空间内实施，其作用与直流燃烧器分级配风相同。但是对于旋流燃烧器，燃尽风口的高度不受大风箱的限制，故它与主燃烧区拉开了距离。在燃用低灰熔点的易结焦煤时，燃尽风风量的影响是双重的，随着过燃风率的增加，因为燃烧器区域缺氧使燃烧推迟，导致该区域的温度降低，这对减少 NO_x 生成和减轻炉膛结渣是有利的。但由于火焰区域呈较高的还原性气氛，又会使灰熔点下降，对减轻炉膛结焦是不利的，同时未完全燃烧热损失也会有所增加。因此，应通过燃烧调整试验确定最合适的燃尽风风门开度。燃尽风的风量调节与锅炉负荷和燃料品质有关。在炉膛出口过量空气系数一定的情况下，燃尽风投入太多，会使主燃烧区供风不足，燃烧不稳定。燃尽风的挡板开度一般随负荷的降低而逐步关小。锅炉燃用较差煤种时，燃尽风的风率也应减小。

　　燃尽风风量的调节必要时也可作为调节过热汽温、再热汽温的一种辅助手段。一般燃尽风的调节对炉膛出口烟温影响的幅度不是很大，但火焰中心位置提高后，通常会使飞灰可燃物升高。减少燃尽风量，提高其他层投运燃烧器的出口风速，可以减轻气流偏斜。大机组为解决炉膛出口烟气残余偏转问题，将燃尽风喷口进行反切。在这种情况下，燃尽风量的调节具备控制过热器、再热器的热偏差，防止屏式过热器超温的作用。

　　3. 炉膛负压的重要性

　　炉膛压力是反映炉内燃烧工况稳定与否的重要参数。炉内工况一旦发生变化，炉膛压力就迅速发生相应改变。当炉内燃烧恶化或出现异常工况时，最先在炉膛压力的变化上反映出来，而后才是其他参数一系列的变化，因此监视和控制炉膛压力，对于保证炉内燃烧工况的稳定具有极其重要的意义。

　　炉膛负压过大，会增加炉膛和烟道的漏风，引起燃烧恶化，甚至灭火；反之，若炉膛负压过小，炉膛高温火焰或烟灰可能外喷，影响环境卫生，还将造成设备损坏或引起人身伤害。

　　运行中引起炉膛负压波动的主要原因是燃烧工况的恶化。为了使炉膛内燃烧能连续进行，必须不间断地向炉膛供给燃料燃烧所需的空气，并将燃烧后产生的烟气及时排走。如果排放的烟气与燃烧产生的烟气量保持平衡，则炉膛负压就相对保持不变。若上述平衡破坏，则炉膛负压就要发生变化。例如，在引风机出力不变的情况下，增加送风量，会使炉膛出现正压。运行中即使在送风量、引风量不变的情况下，由于燃烧工况变化、锅炉漏风量、锅炉吹灰、掉焦等原因炉膛压力总是脉动的。当燃烧不稳时，炉膛压力脉动强烈，运行经验表明：当炉膛压力大幅度波动时，往往是风烟系统辅机发生故障或灭火的预兆，这时必须加强监视调整，分析波动原因及时调整处理。

　　四、　完成任务

　　登录相关的发电机组仿真平台，严格按照任务分析完成燃烧调节的学习任务。

　　（1）通过本次学习，掌握燃烧被控对象的动态特性，能正确分析不同燃烧工况下炉内的燃烧情况。

　　（2）通过本次学习，掌握燃料成分与特性对燃烧的影响。

　　（3）通过本次学习，掌握汽包炉的燃烧调节方式，了解炉内燃烧的影响因素，熟练掌握各控制回路的控制策略，能够正确有效地对机组各控制回路相关参数进行监视和控制。

　　（4）通过本次学习，掌握直流炉的燃烧调节方式，了解炉内燃烧的影响因素，熟练掌握各控制回路的控制策略，能够正确有效地对机组各控制回路相关参数进行监视和控制。

　　（5）通过本次学习，掌握循环流化床锅炉的燃烧调节方式，了解炉内燃烧的影响因素，熟练掌握各控制回路的控制策略，能够正确有效地对机组各控制回路相关参数进行监视和控制。

五、　任务评价

根据工作任务的完成情况，对照评价项目和技术标准规范，逐项评价，确定技能水平和改进的要求。任务评价表见表1-4-1。

表1-4-1　　　　　　　　　　任务评价表

内　　容		评　　价	
学习目标	评价项目	个人评价	教师评价
知识目标	掌握燃烧被控对象动态特性		
	掌握燃料成分与特性		
	掌握燃烧基本理论知识		
	掌握汽包炉燃烧调节方式		
	掌握直流炉燃烧调节方式		
	掌握循环流化床锅炉燃烧调节方式		
	掌握循环流化床锅炉燃料成分与特性		
	掌握汽包炉各控制回路的控制策略		
	掌握直流炉各控制回路的控制策略		
	掌握循环流化床锅炉各控制回路的控制策略		
技能目标	熟练分析不同扰动工况下炉内燃烧情况		
	对汽包炉燃烧进行监视与调节		
	对直流炉燃烧进行监视与调节		
	对流化床锅炉燃烧进行监视与调节		
素质目标	沟通能力		
	团队合作能力		
	方法创新能力		
	突发事件处理能力		
改进要求			

六、　课后练习

（1）影响燃烧的因素有哪些？

（2）什么是中心风？

（3）简述燃尽风的作用。

（4）简述炉膛负压的重要性。

工作任务五　汽轮机运行调节

一、　任务描述

汽轮机带负荷运行是电力生产过程中最重要的环节之一，带负荷运行中的日常维护是汽轮机运行人员经常性的工作。在运行中正确按照规程，认真操作、检查、监视和调整是保证汽轮机设备安全经济运行的前提。任务描述如下：

（1）学习汽轮机变工况特性，根据蒸汽流量、蒸汽参数、调节方式和级内反动度等变化进行汽轮机热力特性的分析。

（2）学习汽轮机运行主要参数变化对汽轮机产生的影响，学会正确有效地监视与调节汽轮机主要运行参数。

（3）学习 DEH 的工作原理及主要功能。

（4）学习 MEH 动态特性和静态特性。

（5）学习根据 DEH 液压控制系统图分析 DEH 系统的控制过程。

二、任务分析

这项任务需要掌握汽轮机工作原理及变工况特性，掌握汽轮机运行主要参数变化对汽轮机的影响，掌握 DEH 系统工作原理及主要功能，熟知汽轮发电机组工艺流程的所有设备规范，以最安全、经济、合理的方式监控并调节各系统参数。此外，通过对汽轮机主辅设备的经常性检查以及数据分析，掌握运行设备的健康状况，及时发现影响设备安全运行的隐患，防止设备损坏。

（一）DEH 系统的组成及控制过程

DEH 是指汽轮机数字电液控制系统，是汽轮发电机的专业控制手段，是控制汽轮机启动、停机、转速控制、功率控制的唯一手段，是电厂实现机组协调控制、远方自动调度等功能必不可少的控制系统。

1. DEH 系统的结构组成

DEH 控制系统由两大部分组成，即 EH 系统（液压执行机构）和 DEH 控制装置（计算机控制部分）。EH 系统是 DEH 系统的执行系统，DEH 控制装置是 DEH 系统的指挥中心。

资源库 19_EH 供油系统流程

（1）EH 系统。EH 系统主要由供油装置（油箱、油泵、油管路）、安全系统（AST、OPC、隔膜阀）、油动机（主汽门、高压调节门、中压主汽门、中压调节门油动机）等组成。供油装置为系统提供油动机动作所需的稳定的高压动力油，安全系统提供使油动机迅速关闭的回路，油动机行程由伺服阀控制。伺服阀接受 DEH 开度指令，使油动机产生位移，带动连接到油动机上的阀门移动，从而控制汽轮机的进汽。

EH 供油系统的功能是提供高压抗燃油，并由它来驱动伺服执行机构，该执行机构响应从 DEH 控制器来的电信号，以调节汽轮机各蒸汽阀开度。一般采用的高压抗燃油是一种三芳基磷酸酯化学合成油，密度略大于水，它具有良好的抗燃性能和流动稳定性，明火试验不闪火温度高于 538℃。此种油略具有毒性，常温下黏度略大于汽轮机透平油。

电液控制的供油系统由安装在座架上的不锈钢油箱、有关的管道、蓄能器、控制件、两台 EH 油泵、两台 EH 油循环泵、滤油器以及热交换器等组成。一台 EH 油泵投运时，另一台作为备用，如果需要即可自动投入。当汽轮机正常运行时，一台 EH 油泵足以满足系统所需的用油量，如果在控制系统调节时间较长时（如甩负荷）、部分蓄压器损坏等原因导致 EH 系统油压降低的情况下，备用油泵可以立即投入，以保证机组

EH 油系统压力正常。

系统工作时由电机驱动高压柱塞泵，油泵将油箱中的抗燃油吸入，供出的抗燃油经过 EH 控制块、滤油器、止回阀和安全溢流阀，进入高压集管和蓄能器，建立 14.2MPa±0.2MPa 的压力油，直接供给各执行机构、高压遮断系统以及给水泵汽轮机的执行机构，各执行机构的回油通过压力回油管先经过回油滤油器然后回至油箱。安全溢流阀是防止 EH 系统油压过高而设置的，当油泵上的调压阀失灵等原因发生油系统超压时，溢流阀动作，以维持系统油压。

为了维持正常的抗燃油温度及油质，系统除了正常的回油冷却以外，还装设了一套独立的自循环冷却及自净化系统，以确保系统在非正常工况时的油温及油质在正常范围内。

（2）DEH 控制系统。DEH 控制系统一般包括四个控制柜、一个操作员站和一个工程师站。操作员站是运行人员操作 DEH、监视系统运行的人机接口。DEH 采集汽轮机状态数据，如挂闸、并网、盘车、旁路、主汽压力、调节级压力、功率、转速、真空等，根据操作员的操作指令进行逻辑判断和 PID 运算，最终得出每个阀门的位置指令，并输出指令到油动机上的伺服阀，控制阀门开度。这就是 DEH 简单的控制原理。事实上，DEH 正是在此原理的基础上，完成了许多复杂的功能。

2．DEH 系统控制过程

（1）对机组 DEH 的控制方式分为 MAN、AUTO、CCS 三种。

1）MAN 控制方式。

①在 DEH 的"AUTO CONTROL"画面上按下"MAN"键，单击"INC 或 DEC"，DEH 切至手动控制方式。通过"手动增""手动减"按钮修改当前控制目标给定值，控制给定信号。

资源库 20_DEH
系统运行方式
及控制模式

②在此方式下，按下"MANU SET VALVE"键，输入目标值或通过手动增减按钮直接控制阀位给定信号，变化率限制按照手动选择的挡位执行。

在下列任一条件下 DEH 自动切至 MAN 方式：汽轮机跳闸、NO RUN、MSV LEAK、CV LEAK。

③在系统处于 CCS 控制（协调控制）的情况下，手动操作功能被切除。

2）AUTO 控制方式。

①DEH 默认自动方式，此时处于操作员自动，人为设定目标值和变化率，由 DEH 控制机组启动、停机和变负荷。

②当系统处于自动方式下，操作员进行了手动操作，系统执行手动操作指令后，系统处于保持状态，维持当前目标。

3）CCS 控制方式。

①CCS 控制方式是在机、炉自动控制系统均完好，机组已正常运行的条件下投入的运行方式。在此方式下，DEH 系统接受 CCS 主控制器发出的调节信号。

②当 CCS 控制方式的各种许可条件满足时，在 DEH 负荷控制画面单击"CCS CTL"按钮，"CCS ON"键显示为红色，则表示选择了 CCS 控制方式，这时 DEH 负荷

控制系统接受机组 CCS 系统送来的负荷指令，进行汽轮机负荷的控制。

（2）正常运行中 DEH 可以选用"TP CTL"或"LOAD CTL"进行负荷控制。

1）TP CTL 方式。

①TP CTL 方式投入条件：主汽压力信号正常、自动方式投入、负荷控制方式未投入、TPC 未动作、负荷限制未动作、一次调频未动作。

②TP CTL 方式切除条件：主汽压力信号故障、操作员切除、压力设定值与实际值偏差大于 1MPa、TPC 动作、负荷限制动作、自动方式切除、出口开关断开、汽轮机跳闸。

2）LOAD CTL 方式。

①LOAD CTL 方式投入条件：无 TPC 动作、无高负荷动作、无低负荷动作、无阀位限制动作、综合阀位小于 85%、汽轮机未跳闸、发电机未解列、不在 CCS 控制位、不在手动方式、压力回路未投入、功率信号无故障、实际负荷大于 30MW。

②LOAD CTL 方式切除条件：TPC 动作、高负荷动作、低负荷动作、阀位限制动作、综合阀位大于 85%、汽轮机跳闸、发电机解列、CCS 控制位于手动方式、压力回路投入、功率信号故障、实际负荷小于 30MW。

（二）MEH 的功能与控制过程

1．MEH 的功能概述

MEH 的主要功能包括：锅炉给水量自动控制、给水泵汽轮机转速自动控制、手动操作、低压调节阀阀位控制、管道切换阀控制、正常运行操作和监视、给水泵汽轮机保护等。

给水泵汽轮机配有一套独立的调节控制系统，主要采用电液控制系统。电液控制是控制功能由电气系统完成，或者说控制指令由电气系统发出，而完成该指令的执行机构是液压机构。将电气指令信号转换成为液力操作信号的部件称为电液转换器，它是电液控制系统中的关键部件，其性能必须十分可靠才能完成电液控制系统的任务。

2．MEH 的控制调节与保护

给水泵汽轮机采用电液控制，根据锅炉给水调节系统给出的调节信号，对驱动给水泵的汽轮机转速进行调节，MEH 控制系统采用与 DCS 一体化的设计，具备锅炉自动、转速自动、手动控制升速及升降负荷的功能，当给水泵汽轮机转速超过 3000r/min 后，根据锅炉给水控制信号控制给水泵汽轮机转速。

MEH 系统能实现电超速跳闸试验，以判断超速保护系统功能是否正常。当汽轮机转速达到超速保护动作值时能自动关闭给水泵汽轮机速关阀和调节汽阀，以确保汽轮机安全运行。

（1）MEH 运行方式。MEH 控制系统有三种运行方式。

1）基本方式。

①MEH 系统能在汽动给水泵以自动方式或手动方式进行启动时，使转速从 0r/min 升至 3000r/min。超过 3000r/min 时，给水泵的控制可切换至由 DCS 的给水控制系统进行控制。

②启动和运行方式的选择和操作由运行人员通过 DCS 操作员站进行。

③系统设计跟踪回路，以实现手动、自动的无扰切换。

2）手动转速控制方式。

①在此方式下，由操作员通过 DCS 操作员站转速增、减按钮控制调节阀的位置。

②系统进入手动转速控制方式的情况包括：手动操作进行切换或两个转速通道均故障。

3）自动转速控制方式。

①在此方式下，由操作员在 DCS 操作员站给出目标转速，MEH 系统能自动地将转速提升到目标值。

②任何一个转速通道故障都不影响转速的自动控制。两个转速通道均发生故障时，系统将自动切至手动方式。

③远控转速自动控制方式。在此方式下，MEH 系统接受来自机组给水自动控制系统的指令进行转速自动控制。

（2）给水泵汽轮机保护系统。给水泵汽轮机 METS 动作跳闸的条件（参考 600MW 机组）如下：

1）润滑油油压小于或等于 0.08MPa。

2）速关油压小于或等于 0.4MPa。

3）给水泵汽轮机进汽压力大于 2.3MPa。

4）给水泵汽轮机排汽压力大于或等于 0.07MPa。

5）给水泵汽轮机轴向位移大于或等于 ±0.8mm。

6）给水泵汽轮机转速大于 5565r/min。

7）给水泵汽轮机、汽动给水泵轴承振动大。

8）给水泵汽轮机、汽动给水泵轴承温度高。

9）操作员手动停机。

10）MEH 停机（电超速 5565r/min）。

11）MFT 动作。

12）DCS 停机。

13）MEH 24V 电源失电。

三、相关知识

（一）汽轮机的工作原理

近代火电厂采用的都是由不同级顺序串联构成的多级汽轮机。来自锅炉的蒸汽逐次通过各级，将其热能转换成机械能。级是汽轮机中最基本的做功单元，在结构上，它是由喷嘴叶栅（静叶栅）和跟它配合的动叶栅组成的；在功能上，它完成将蒸汽热能转变为机械能的能

资源库 21_级的
工作原理

量转换。蒸汽在汽轮机级中以不同方式进行能量转换，构成了不同工作原理的汽轮机——冲动式汽轮机和反动式汽轮机。

（1）冲动式汽轮机。它主要由冲动级组成，蒸汽主要在喷嘴叶栅（或静叶栅）中膨

胀，在动叶栅中没有或者只有少量膨胀。

（2）反动式汽轮机。它主要由反动级组成，蒸汽在喷嘴叶栅（或静叶栅）和动叶栅中都进行膨胀，且膨胀程度相同。现代喷嘴调节的反动式汽轮机，因反动级不能做成部分进汽，故第一级调节级常采用单列冲动级或双列速度级。

冲动式汽轮机和反动式汽轮机在电厂中都获得了广泛应用。这两种类型汽轮机的差异不仅表现在工作原理上，而且还表现在结构上，前者为隔板型，后者为转鼓型（或筒型）。隔板型汽轮机动叶片嵌装在叶轮的轮缘上，喷嘴装在隔板上，隔板的外缘嵌入隔板套或汽缸内壁的相应槽道内。转鼓型汽轮机动叶片直接嵌装在转子的外缘上，隔板为单只静叶环结构，它装在汽缸内壁或静叶持环的相应槽道内。

（二）汽轮机的变工况特性

1. 汽轮机在变工况下的工作特性

研究汽轮机的变工况主要是分析汽轮机的流量（或负荷）改变后汽轮机内各项参数及零部件受力情况的变化，进一步分析其对经济性和安全性的影响。

在分析汽轮机的变工况时，通常把一些同工况下流量相等且工况变化时通流面积不变的相邻若干级组合在一起进行研究，称之为级组。每一台汽轮机都可以根据上述条件划分为若干个级组。

对于采用喷嘴调节的凝汽式汽轮机，当蒸汽流量改变时，如果将全部非调节级视为一个级组，各中间级级前压力与流量成正比，则工况变动前后各中间级压力比不变，其理想比焓降也不变，各级动叶片的受力随流量成正比变化；就级组末级而言，级前压力总是随流量的变化而变化，而级后压力随流量的变化很小，故其压力比随流量的变化而变化，流量减小时，压力比增加，其理想比焓降减小，动叶片受力减小；反之，流量增加，压力比减小，其理想比焓降增加，动叶片受力增大。对调节级来说，其级前后压力的变化较为复杂，简而言之，在第一调节阀全开、第二调节阀尚未开时调节级的理想比焓降达到最大值，此时调节级动叶片的受力也达到最大值；在第一调节阀全开以上的工况，流量增加时，调节级的压力比增大，其理想比焓降减小，反之，流量减小时其理想比焓降增大。总的来说，采用喷嘴调节的凝汽式汽轮机理想比焓降的变化主要发生在调节级和末级，但当负荷偏离设计值较大时，中间级的理想比焓降也会减小。

对于采用节流调节的汽轮机，没有调节级，工况变化时各级理想比焓降的变化如同采用喷嘴调节的凝汽式汽轮机的中间级和末级。

2. 蒸汽参数变化对汽轮机安全性的影响

蒸汽参数的变化同样会引起汽轮机工况变化。蒸汽参数在一定范围内变化，在运行中是允许的，实际上也是难以避免的，此时只会影响汽轮机的经济性而不影响它的安全性；若蒸汽参数的变化超过允许范围，不但会引起汽轮机功率及各项经济指标的变化，还可能使汽轮机通流部分某些零部件的受力状况恶化，危及汽轮机的安全运行。

（1）初压升高。初温不变时，初压升高过多，将使主蒸汽管道、主汽阀、调节阀、导管及汽缸等承压部件内部应力增大。至于对汽轮机通流部分的影响，分下面几种情况进行讨论。

1) 机组发额定功率。对节流调节的机组，只需将调节阀稍微关小，以保持进入第一级喷嘴前的蒸汽压力与设计值相等即可，机内工况无变化。

对喷嘴调节的汽轮机，假设效率变化不大，则初压升高后机组仍发额定功率时，流量减小时各非调节级的级前压力均相应降低，各中间级的压差变化使隔板前后的压差减小，各中间级的比焓降近似保持不变，流量减小使动叶的受力减小，因而汽轮机的轴向推力减小。因此初压升高对中间级的安全性没有影响。

对于末几级，由于流量减小而使级前压力降低，使级的比焓降减小，从动叶承受弯应力的角度来看是安全的。但因比焓降减小，使末几级的反动度增大，有可能使这些级的轴向推力增大。由于这些级处于低压部分，动叶前后的压差本身较小，同时又有级前压力降低的相反影响，故即使轴向推力增加，也增加得有限，再考虑较多数目的中间级的影响，整机的轴向推力还是减小的。

对于调节级，由于调节级汽室压力因流量的减小而降低，初压又增加，故工作在全开调节阀后的调节级比焓降增大，且通过全开调节阀的流量也因喷嘴前压力升高而有所增加。因此工作在全开调节阀后的动叶所受的应力要增大。但调节级的最危险工况不在额定负荷下，故动叶受力一般不会超过初压升高前危险工况的应力。

综上所述，当初压升高后汽轮机带额定负荷时，汽轮机一般是安全的，但初压升高对蒸汽管道和进汽室部分等承压部件的强度不利。

2) 第一调节阀刚全开而其他调节阀关闭时，调节级是危险的。因为初压的升高使流经该调节阀的流量成正比地增加，调节级后压力也随流量成正比地提高。与初压未升高第一调节阀刚开全的工况相比，调节级的比焓降不变，但由于流量增加，动叶应力增加，有可能超过材料的许用应力。

因调节级的最大比焓降出现在第一调节阀刚全开时，若机组需长期在升压下运行，可以采用增大调节阀重叠度的方法来限制调节级的最大应力。因为增大重叠度，可以增加第一调节阀全开时流经汽轮机的总流量，提高调节级的级后压力，因此比焓降有所减小。当初压升高较多时，可让第一、第二调节阀同时开启达到完全重叠，以保证调节级的安全。

3) 调节阀开度不变。初压增大时，新蒸汽比体积会减小，蒸汽流量增大，汽轮机功率增大，各级叶片的受力正比于流量而增大。末级的危险性最大，因为流量增大时末级理想比焓降增大，而叶片的受力正比于流量和理想比焓降的乘积，故对应力水平已很高的末级叶片的运行安全性可能带来危险。此外，初压升高，流量增大，还使汽轮机轴向推力增大，造成推力轴承过负荷。

此外，初压升高，对非中间再热机组，还会使低压级蒸汽的湿度增大，加剧了对这些级叶片的冲蚀作用，直接威胁汽轮机的安全运行；对中间再热机组，再热蒸汽压力升高，也会使排汽湿度增大。

未经核算之前，初压不允许超过制造厂规定的高限数值。

（2）初压降低。初温不变，初压降低，若调节阀的开度不变，则不会带来危险。但此时汽轮机的理想比焓降减小，同时蒸汽流量也与初压成正比减小，故汽轮机的最大出力将受到限制。只要将汽轮机的功率限制在对应初压下允许的最大功率之下，就可不采取任何措施而使汽轮机长期安全运行。

如果初压降低后仍要保证汽轮机发额定功率，则汽轮机的流量增加，从而大于额定流量，此时会引起各非调节级级前压力升高，且使末级比焓降增大，因此各非调节级的动叶的受力都有所增加，并以末几级增加最多，同时全机轴向推力增大，此时能否安全运行，必须经过专门的计算来决定。在一般机组上，都有过负荷调节阀，可在一定程度的低参数下保证汽轮机发额定功率。

（3）蒸汽初温升高。蒸汽初压不变，蒸汽初温升高将使锅炉过热器、新蒸汽管道、高压主汽阀和调节阀、导管及高中压缸等部件的温度升高。温度越高，钢材蠕变速度就越快，蠕变极限就越小。如铬钼钢的应力为 200MPa，当工作温度由 480℃上升 60℃左右时，蠕变速度将增大许多倍。因此，汽温过高将使钢材蠕变的塑性变形过大，从而发生螺栓变长、法兰内张口、预紧力变小等问题，既影响安全，又缩短机组寿命，故不允许蒸汽温度过高。

（4）蒸汽初温降低。其他参数不变的情况下，蒸汽初温降低时，汽轮机的理想比焓降随之减小，若此时保持流量为额定值，则机组的实发功率也成比例地减少。初温降低后只要将汽轮机的功率限制在对应初温允许的最大功率之下，就可以允许机组长期运行。

初温降低后要保持机组发额定功率，则汽轮机流量必然大于额定流量。此时调节级后压力会有所升高，该级比焓降减小，故对调节级安全性没有影响。但对非调节级尤其是末几级，其比焓降和流量同时增大将引起动叶受力增大，这是危险的，应进行变工况和强度校核。此外，由于各非调节级前后压差增大，汽轮机的轴向推力增大。

另外，初温降低会引起低压级湿度的增加，从而一方面增加了低压级的湿汽损失，另一方面也加剧了对这些级动叶的冲蚀作用，直接威胁汽轮机的安全。因此必要时，可在降低初温的同时降低初压，使汽轮机的热力过程线与设计工况下的热力过程线重合，以减小排汽湿度，但此时汽轮机的功率限制就更大些。

需要说明的是，汽温下降速度对安全性也有影响。新蒸汽温度下降过快，往往是锅炉满水等事故引起的，应防止汽轮机水冲击。若发生水冲击，则应按规定进行处理。

（5）排汽压力升高对汽轮机安全性的影响。排汽压力升高时，蒸汽在汽轮机中的理想比焓降减小，经济性下降。对于喷嘴调节的汽轮机，排汽压力升高不大时，若保持调节阀开度不变，可以认为蒸汽流量基本不变，主要是理想比焓降减小引起汽轮机功率下降，并且比焓降的减小主要发生在末几级。这对各级的动叶和隔板是安全的。但是，排汽压力升高后若要机组发额定功率，则必须增大蒸汽流量，这会使各压力级过负荷，同时轴向推力增大，因此排汽压力升高较多时必须降负荷运行。

排汽压力升高后会产生下列不利影响：

1）引起排汽部分的法兰、螺栓应力增大，因此必须对这些零件进行强度核算。排汽压力升高还会引起排汽温度上升，当排汽温度上升较大时，排汽室的膨胀量过分增大。若低压轴承座与排汽缸为一体，将使低压转子的中心线抬高，从而引起机组强烈振动。

2）引起凝汽器内排汽饱和温度提高。这将造成冷却水管热膨胀过大损坏胀口而泄漏，影响凝结水的品质。

3）推力轴承上产生过大的轴向推力。这是因为排汽压力升高，最末几级的比焓降减小，反动度增加，轴向推力增大。

4）末级体积流量大为减小。小体积流量工况的鼓风损失将使排汽温度升高更多。体积流量很小时还有可能诱发末级叶片颤振。

凝汽式汽轮机在夏季运行时，由于冷却水温度较高，则排汽压力较高，就会引起上述轴向推力过大、机组振动、冷却水管泄漏等不安全因素。故一般限制其排汽温度不超过 80℃。为了防止排汽温度过高而超过允许值，大中型汽轮机都设有喷水减温装置。

3. 监视段压力

通常把调节级汽室压力和各段抽汽压力称为监视段压力。在凝汽式汽轮机中，除最后一、二级外，调节级汽室压力和各段抽汽压力均与主蒸汽流量成正比例变化。根据这个原理，在运行中通过监视调节级汽室压力和各段抽汽压力，就可以有效地监督通流部分工作是否正常。

一般情况下，制造厂会根据热力和强度计算结果给出各台汽轮机在额定负荷下，蒸汽流量和各监视段的压力值，以及允许的最大蒸汽流量和各监视段压力。由于每台机组特点不同，所以即使是同型号的汽轮机在同一负荷下的各监视段压力也不完全相同。因此，每台机组均应参照制造厂给定的数据，在安装或大修后，通流部分处于正常情况下进行实测，求得负荷、主蒸汽流量和监视段压力的关系，以此作为平时运行监督的标准。

如果在同一负荷（流量）下监视段压力升高，则说明该监视段以后通流面积减少，多数情况下是结了盐垢，有时也会由于某些金属零件碎裂或机械杂物堵塞了通流部分或叶片损坏变形等所致。如果调节级和高压缸各抽汽压力同时升高，则可能是中压联合汽门开度受到限制。因而当某台加热器停运时，若汽轮机的进汽流量不变，将使相应抽汽段的压力升高。

运行中不但要看监视段压力绝对值的升高是否超过规定值，还要监视各段之间的压差是否超过了规定值。如果某段的压差超过了规定值，将会使该段隔板和动叶片的工作应力增大，造成设备的损坏事故。

若汽轮机结垢严重，一般中低压机组监视段压力相对升高 15%，高压及其以上机组相对升高 10% 时，必须进行清除，通常采用下列四种方法进行清除：

（1）汽轮机停机揭缸，用机械方法清除。

（2）盘车状态下，热水冲洗。

（3）低转速下，热湿蒸汽冲洗。

（4）带负荷湿蒸汽冲洗。

（三）汽轮机的受热特性

汽轮机在启动、停机和负荷变化过程中，各部件金属温度都将发生变化，尤其在启动过程中，汽轮机各部件金属的温度变化最为剧烈。例如高参数汽轮机在冷态启动时，其进汽部分的金属温度将由室温升高到 500℃ 以上。因此启动过程实质上是对汽轮机金属的加热过程。由于各部件的受热条件不同，它们被加热和传热情况也不同，从而使汽轮机各金属部件形成温度梯度，产生热应力和热变形。当热应力和热变形过大，超过金属部件的允许范围时，这些金属部件将产生永久变形甚至造成更严重的损坏。为了保证汽轮机安全启动，必须了解并掌握汽轮机在启动过程中的受热特性。

当汽轮机冷态启动时，温度较高的蒸汽与冷的汽缸内壁接触，这时蒸汽的热量主要以凝结放热形式传给金属表面。由于凝结放热的传热系数很高〔可达 62 800kJ/（m²·h·℃）以上，且蒸汽压力越高，传热系数就越大，传热量也就越多〕，汽缸内壁温度很快上升到该蒸汽压力下的饱和温度。当汽缸内壁的金属温度高于该蒸汽压力下的饱和温度时，蒸汽的凝结放热阶段就告结束，此后蒸汽主要是以对流放热方式向金属传热。

（1）转子热应力。对于一般的汽轮机转子，当蒸汽温升率不变时，进入准稳态点的时间为 80～100min。但对于汽轮机的实际启动工况，由于蒸汽温度变化率不会是常数，因此往往不会达到准稳态工况。当汽轮机启动结束后，转子内外壁温差逐渐减小，经过一段时间后，如不考虑转子本身散热的影响，转子表面与中心孔的温度相等，且接近蒸汽温度，此时汽轮机进入稳定工况运行。

当转子的材料、结构一定时，转子的热应力主要取决于转子的最大体积平均温差，而温差的大小则取决于金属表面的温度变化率（或蒸汽温度变化率）。因此在启停过程中，可通过改变蒸汽的压力、温度、流量和流速等办法来控制蒸汽对金属的放热量，以控制金属表面的温度变化率，从而达到控制热应力的目的。由于汽轮机转子各处的几何尺寸不一样，启停及变工况时各处的温度变化范围不同，产生的热应力也就不同，最大热应力发生的部位通常是高压缸调节级处、中压缸进汽处。这些部位蒸汽温度最高，变工况时温度变化范围大，引起的热应力也大。此外，这些部位还存在结构突变，如叶轮根部、轴肩处的过渡圆角及转子上的弹性槽等都存在较大的热应力集中现象，使得热应力成倍增加。

（2）汽缸的热应力。对转子半径与汽缸壁厚相差不大的单层缸高压汽轮机来说，启动中只要按照汽缸热应力来控制最大允许的温升速度，转子热应力就不会超过允许值。但对采用双层汽缸结构的大功率汽轮机来说，情况就不同了，限制启停及负荷变化的主要因素是转子的热应力，而不是汽缸的热应力，这主要是因为：大功率汽轮机转子直径大，而双层缸的采用，使汽缸壁厚有所减薄，致使转子半径大于汽缸壁厚度；启动时转子的受热条件优于汽缸，转子的应力水平高于汽缸；对大功率汽轮机结构的改进使汽缸应力减小。

（3）汽缸和转子的相对膨胀。汽轮机启停及工况变化时，汽缸和转子都沿轴向膨胀或收缩，但由于下述原因，会引起转子和汽缸之间产生膨胀差值：

1）转子和汽缸的金属材料不同，它们的线膨胀系数不同。

2）大型汽轮机具有又厚又重的汽缸和法兰，相对来说，汽缸的质量大而接触蒸汽的面积小，转子质量小而接触蒸汽面积大。

3）由于转子是转动的，蒸汽对转子的传热系数比对汽缸的大。

（4）胀差变化对汽轮机工作的影响。监视胀差是机组启停和工况变化时的一项重要任务。目前，汽轮机均设置胀差指示器，但它仅指示测点处的胀差值，而不能准确反映其他各个截面处的情况，因此还应根据机组不同的结构，了解通流部分胀差的变化规律，以便正确分析和判断通流部分动静间隙变化。胀差的大小意味着汽轮机动、静轴向间隙相对于静止时的变化，当转子的膨胀值大于汽缸的膨胀值时为正胀差；当转子的膨胀值小于汽缸的膨胀值时为负胀差。任何一侧的轴向间隙消失，都会引起动、静部分发生摩擦，造成设备损坏事故。因此，在汽轮机运行中，尤其在启停过程中，应注意监视胀差的变化，并将其控制在允许的范围内。

（5）汽轮机的热变形。汽轮机启动、停机和负荷变化时，各金属部件所出现的温差，除使汽缸和转子产生热应力、热膨胀外，还使其产生热变形，严重的热变形可能导致设备损坏。热变形的规律是温度高的一侧向外凸出，温度低的一侧向内凹进，即"热凸冷凹"。

1）上、下缸温差引起的热变形。汽缸的上、下缸存在温差，将引起汽缸的变形。汽轮机在启动、停机及负荷变化过程中，上缸温度高于下缸温度，因而上缸变形大于下缸引起汽缸向上拱起，发生热翘曲变形（又称拱背变形）。汽缸的这种变形使下缸底部径向动、静间隙减小甚至消失，造成动、静部分摩擦，尤其当转子存在热弯曲时，动、静部分摩擦的危险性更大。汽缸发生拱背变形后，还会出现隔板和叶轮偏离正常时所在的垂直平面的现象，使轴向间隙发生变化，进而引起轴向摩擦。

2）汽缸法兰内外壁温差引起的热变形。随着汽轮机容量的不断增大，汽缸和法兰的壁厚也越来越大，在启动、停机和负荷变动时，如果控制不当，汽缸和法兰的内外壁会出现较大的温差，不仅产生较大的热应力，而且使其在水平和垂直方向产生热变形。由于法兰的壁厚比汽缸的壁厚要大得多，故汽缸的热变形主要取决于法兰的内外壁温差。

当法兰内壁温度高于外壁（冷态启动）时，法兰内壁金属伸长较多，外壁金属伸长较少，使法兰在水平面内产生热变形（热翘曲）。法兰的变形使汽缸中间段横截面变为立椭圆，使水平方向两侧动、静部分之间的径向间隙减小，此时该段的法兰结合面将出现内张口；而汽缸前后两端的横截面变为横椭圆，使垂直方向上下的动、静部分之间的径向间隙减小，此时的法兰结合面将出现外张口。出现上述两种情况，都可能造成动、静部件的摩擦。

（6）汽轮机转子的热弯曲。在启动和停机后由于上下汽缸存在温差，使转子上下部分也存在温差，在此温差作用下，转子要发生热弯曲。转子表面发生局部摩擦也会使转子产生热弯曲，严重时可能造成转子永久性弯曲。

转子弯曲的最大部位一般在调节级前后。对于多缸机组的高压转子和背压机组的转子，约在其中部；对于单缸机组，则稍偏转子的前端。转子发生热弯曲后，不仅会使机组产生异常振动，还可能造成汽轮机动、静部分摩擦。

为了防止或减小大轴热弯曲，启动前和停机后必须正确使用盘车装置。冲转前应盘车足够长时间；停机后，应在转子金属温度降至规定的温度以下方可停盘车。设置并正确使用转子的晃度表，是防止汽轮机在启动中发生强烈振动以及防止因偏摩擦而使转子产生塑性弯曲的有效方法。当晃度表指示不正常时，决不能启动汽轮机。

（四）汽轮机常见术语与定义

（1）高压胀差。高压胀差是指高中压转子的膨胀值与高中压汽缸的膨胀值的差值。

（2）低压胀差。低压胀差是指低压转子的膨胀值与低压汽缸的膨胀值的差值。

（3）轴向位移。轴向位移又叫窜轴，就是沿着轴的方向上的位移。总位移可能不在这一个轴线上，我们可以将位移按平行、垂直轴两个方向正交分解，在平行轴方向上的位移就是轴向位移。轴向位移反映的是汽轮机转动部分和静止部分的相对位置，轴向位移变化，也是静子和转子轴向相对位置发生了变化。全冷状态下一般以转子推力盘紧贴推力瓦为零，向发电机为正，反之为负。

（4）转子偏心度。转子偏心度指转子间找中心的中心偏离程度或转子上的零部件相对于大轴的中心偏离程度。

四、完成任务

登录相关的发电机组仿真平台，严格按照要求完成汽轮机运行调节的学习任务。

（1）通过本次学习，掌握汽轮机变工况的特性，能够熟练地根据蒸汽流量、蒸汽参数、调节方式、级内反动度等变化进行汽轮机热力特性的分析。

（2）通过本次学习，掌握汽轮机运行主要参数变化如何对汽轮机产生影响，能够根据监视参数，正确、有效、及时地调节汽轮机主要运行参数。

（3）通过本次学习，掌握 DEH 的工作原理及主要功能。

（4）通过本次学习，掌握 MEH 动态特性和静态特性。

（5）通过本次学习，能够正确、快速地分析出 DEH 系统的控制过程。

五、任务评价

根据工作任务的完成情况，对照评价项目和技术标准规范，逐项评价，确定技能水平和改进的要求。任务评价表见表 1-5-1。

表 1-5-1　　　　　　　　任 务 评 价 表

内　　　容		评　　　价	
学习目标	评价项目	个人评价	教师评价
知识目标	掌握汽轮机变工况特性		
	掌握汽轮机运行主要参数的影响		
	掌握 DEH 的工作原理及主要功能		
	掌握 MEH 动态特性和静态特性		
技能目标	分析 DEH 系统的控制过程		
	分析汽轮机热力特性		
	调节汽轮机主要运行参数		
素质目标	沟通能力		
	团队合作能力		
	方法创新能力		
	突发事件处理能力		
改进要求			

（1）分析蒸汽参数变化对汽轮机安全性的影响。

（2）什么是高压胀差？

（3）什么是低压胀差？

（4）什么是轴向位移？

（5）什么是转子的偏心度？

（6）MEH 控制系统的运行方式有哪些？

（7）简述 EH 控制系统的组成。

工作任务六　发电机运行中的调节

一、 任务描述

发电机是发电厂中将动能转化成电能的设备，对发电机及其励磁系统、冷却系统进行检查、监视和参数调整是值班人员的日常工作之一。

（1）对运行中的发电机本体、励磁装置、冷却系统等进行检查。

（2）监视运行中的发电机系统各参数，能根据相关参数变化进行相应的调整；或根据调度的要求调整发电机参数。

（3）监视 AVC、PSS、AVR 等自动装置运行情况，出现异常及时处理。

（4）监视发电厂高压母线电压，当偏离调度下达目标限值时及时汇报调度，根据调度命令进行调整。

（5）监视并调节高压厂用电母线电压在正常的范围内。

二、 任务分析

需要掌握同步发电机的运行特性，掌握主要参数变化对发电机运行的影响，了解调度对发电机并网运行的要求。发电机并网后的加负荷过程中，加强监视发电机定子冷却水压力、流量和温升，氢气压力和温升，铁芯和绕组温度以及碳刷和励磁装置的工作情况。

（一）发电机正常运行及备用中的检查

（1）对运行中发电机每班不少于两次全面检查，异常运行时应增加检查的次数，检查中发现的异常运行状态或设备缺陷应记入设备缺陷汇总簿，并及时向值长汇报，记入交接班记录表。

（2）发电机本体应清洁无异物，运转声音正常，无异常振动。

（3）发电机系统各表计指示应正常，本体各部温度符合规定值，无局部过热现象。

（4）发电机氢、油、水系统运行正常，各参数指示正常，无渗漏、结露现象。

（5）发电机滑环、碳刷应清洁完好，无卡涩、冒火、过热、过短、刷辫断股现象；发电机大轴接地装置接触良好。

（6）发变组封闭母线各部件温度正常，无过热变色现象，接地完好，微正压装置应长期投入正常运行。封闭母线壳体无裂纹、放电，温度在正常范围内，无明显漏气，从窥视孔看无结露、积水现象，无明显振动现象。

（7）封闭母线微正压工作正常，运行状态指示正确。

（8）封闭母线内 H_2 的含量不超过 1%。

（9）发变组电压互感器、电流互感器、避雷器及中性点接地装置等无松动、过热、放电现象，接地装置完好。

（10）发电机氢气干燥器运行正常，定期排污。

（11）发电机绝缘局部过热监测装置和局部放电监测装置运行正常，无漏气现象。

（12）发电机灭磁开关，非线性灭磁和转子过电压保护装置运行正常，接触良好无过热。整流控制柜硅元件温度正常，熔断器状态良好。冷却风扇运行正常。

（13）励磁变压器运行正常，绕组温度正常。

（14）保护盘上各继电器完好，装置运行正常，无异常报警，保护投退正确。

（15）备用中的发电机系统应按运行机组对待，至少每班检查一次。

（16）有足够的二氧化碳瓶，接入二氧化碳母管。

（二）发电机运行中的监视与调节

发电机并网后，送出有功功率和无功功率，运行中主要监测参数包括：有功功率、无功功率、定子电压、定子电流、零序电压、负序电流、定子绕组温度、定子铁芯温度、励磁电压、励磁电流、功率因数、频率、发电机进出口风温、氢气冷却器进出口水温等。另外，运行中应经常监视发电机转子回路绝缘，检查发电机、励磁机运转声音应正常，局部无过热，各轴瓦振动值不超过规定值。

1. 发电机定子电压的监视与调节

发电机应在额定电压下运行，电压偏差范围不超过额定值的±5%，相应电流变化±5%。发电机连续运行的最高允许电压不得大于 110% 额定值，此时应特别注意监视发电机的各部件温度和温升。发电机的最低运行电压一般不应低于 90% 额定值，定子电压降低时应密切监视厂用电电压及辅机的运行状态及机组运行的稳定性（稳定极限），此时监视定、转子电流不超限，发电机各部温度和温升不超限。电压低于 95% 额定值时，定子长期允许的电流数值不得超过 105% 额定值。

2. 发电机定子电流的监视与调节

（1）定子电流三相对称。

1）发电机定子电流超过允许值时，值班员应检查发电机的功率因数和电压。

2）电流超过规定值的倍数和持续时间均不超过表 1-6-1 所提供的数值。

3）减小转子励磁电流，降低定子电流到最大允许值，但不得使功率因数过高和电压过低。如果减小励磁电流不能使定子电流降低到正常值时，则必须降低发电机的有功负荷。

表 1-6-1　　　　　　　　定子过电流倍数与持续时间

允许时间/s	10	30	60	120
定子电流/（%）	220	154	130	116

（2）定子电流三相不对称。发电机定子三相电流之差，不得超过额定电流的 10%
且其中最大一相的电流不应超过额定电流。发电机正常运行中负序电流不得大于额定电
流的 8%，发电机中性点电压不得超过额定相电压的 15%。

负序电流在允许时间内不能消除者，应故障停机。

若机组同时有振动现象，应判明发电机及其回路是否断开，或送电线路是否非全相
运行，并进行相应处理。

3. 有功功率和频率的监视与调节

（1）有功功率的监视。

1）正常情况下，发电机冷却介质的参数为额定值时，发电机有功功率不应大于额
定功率。

2）发电机未经试验，不得超负荷运行。

3）发电机负荷增加（包括并网后的加负荷）时，必须监视发电机定子冷却水压力、
流量和温升，氢气压力和温升，铁芯和线圈温度以及碳刷和励磁装置的工作情况。

4）有功负荷的增加速度取决于汽轮机，此时定子电流应按有功负荷的比例增加。

5）发电机负荷超过规定值的倍数和持续时间超过表 1-6-2 所规定的值，应及时
调整发电机出力。

表 1-6-2　　　　　　　　发电机过负荷倍数及允许运行时间

过负荷倍数	1.1	1.15	1.2	1.3	1.5
允许时间/min	60	15	6	4	2

（2）频率的监视与调节。正常运行时，发电机的频率应保持 50Hz。频率正常变化
范围应为 ±0.2Hz，最大偏差不应超过 ±0.5Hz。当频率偏差过大时，应配合汽轮机
DCS（DEH）调整有功出力，发电机频率偏差时允许运行时间按表 1-6-3 执行，频率
变化幅度超过 ±2.5Hz 时，应立即停机。

表 1-6-3　　　　　　　　发电机频率超过偏差时的允许运行时间

频率/Hz	允许运行时间	
	累计/min	每次/s
51.5	30	30
51.0	180	1800
48.5~50.5	连续运行时间	
48.0	300	300

4. 发电机无功功率和电压的监视与调节

（1）正常运行时励磁系统可投入定功率因数控制或恒无功功率控制。

（2）发电机发生的无功功率应保证机端和厂用系统电压在额定范围，满足系统要
求，按省调或地调命令运行。

（3）发电机的功率因数一般不应超过迟相的 0.95（有功与无功负荷之比值为 3∶1）。
在低功率因数运行时，励磁电流不得大于铭牌的额定电流值，严防发电机转子绕组

过热。

5. 发电机功率因数变化时的允许运行方式

（1）发电机允许变功率因数运行，当降低功率因数时，转子励磁电流不允许大于额定值，而且视在功率应减少；当增大功率因数时，发电机的视在功率不能大于其额定值。

（2）发电机功率因数变化时的允许运行负荷按发电机 V 形曲线执行。

6. 发电机运行过程中其他参数的监视与调节

（1）运行中应经常监视发电机转子回路绝缘。

（2）检查发电机、励磁机运转声音应正常，局部无过热。

7. 发电机轴承振动的监视

在启动升速过程中，轴承振动正常不超过 0.05mm。当达到临界转速时可能出现较大的振动，应尽快通过此转速。

发电机在额定负荷运行时，轴承振动值（双向振幅）应不大于 0.025mm。轴承和机座不得发生异常振动，否则降负荷运行。检查发电机三相定子电流是否平衡，转子是否发生两点接地短路、发电机本体局部是否过热，有功和无功比例是否适当，汽轮机是否振动等。通过调整有功无功负荷比例、调整汽轮机运行参数等方法来处理。如振动危及机组安全运行时，应立即停机。

8. 发电机定、转子温度及冷却系统的监视与调节

每班检查发电机定子线圈、定子铁芯的温度、氢气冷却器进出口水温和发电机进出口风温。

（1）发电机进风温度低于额定值时，每降低 1℃允许定子电流升高额定值的 0.5％，此时转子电流也允许相应增加，但只允许增加至进风温度比额定值低 10℃为止。如进风温度再降低时，电流值也不得再增加。

（2）发电机进风温度超过额定值时，如果定子铁芯的温度未超过 120℃且转子绕组温度未超过 115℃，可以不降低发电机的出力，但必须严密监视发电机各部件温度。当温度超过允许值时，则应减小定子和转子电流，直到允许温度为止。进风温度最高不允许超过 55℃。

（3）发电机正常运行时，四台氢气冷却器均应投入运行，以维持机内冷却氢气温度恒定。当停止一台氢气冷却器时，发电机负荷须降至额定负荷的 80％及以下运行。

（4）发电机最低进风温度以氢气冷却器不出现结露为标准，一般不得低于 38℃。为防止发电机内结露，定子冷却水温度应高于进风温度 2～5℃。

（5）发电机运行时，机内氢压必须高于定子冷却水压力。特殊情况要降低氢压运行时，应按照设备说明书及发电机温升试验来确定所能够带的负荷。

（6）发电机定子线棒温差达 14℃或定子引水管出水温差达 12℃，或任一定子槽内层间测温元件温度超过 90℃或出水温度超过 85℃时，在确认测温元件无误后，应停机处理。

（7）发电机油系统、主油箱内、封闭母线外套内的含氢量（体积含量）超 1％时，

应停机查漏消除；定子冷却水箱内的含氢量达到 2％时应报警，超过 10％应立即停机消缺。定子冷却水系统中漏氢量达到 0.3m³/d 时应在计划停机时安排消缺，漏氢量大于 5m³/d 时应立即停机处理。

（三）发电机特殊运行方式时的监视与调节

1. 发电机进相运行

（1）发电机进相运行的允许范围主要受发电机静态稳定性和定子铁芯端部构件发热、高压厂用电母线电压等因素的限制，发电机一般能满足超前功率因数为 0.95 和额定功率的情况下稳定运行。

（2）发电机进相能力应按机组具体试验结果而定。例如，某发电机有功出力大于 500MW 时，进相无功不大于 5 万 kvar；有功出力等于或小于 500MW 时，进相无功不大于 7 万 kvar。未做进相试验的发电机禁止进相运行。在进行进相试验前应检查励磁调节器根据 $P-Q$ 曲线整定的低励、失磁保护定值，保证不误动且能满足最大进相深度和机组稳定性的要求。

（3）发电机进相运行时，AVC 应退出遥调方式，自动励磁调节器必须投入"自动"运行，其自动励磁调节器的低励限制、电压限制等功能应良好。自动励磁调节器因故退出"自动"时，应立即增加无功功率恢复发电机至迟相运行状态。

（4）发电机的失磁保护和失步保护必须投入运行。

（5）发电机进相运行时，其冷却系统应运行正常，定子冷却水温度和氢气温度在合格范围内，发电机定子绕组、端部铁芯等温度测点（特别是屏蔽环测点）在正常范围。

（6）发电机进相运行时应加强发电机定子绕组、铁芯温度及发变组与高、低压厂用母线电压的监视，发变组电压及厂用高电压工作母线电压不得低于额定电压的 95％。

（7）发电机进相运行时，一旦出现失稳现象，应立即手动增加励磁，将发电机拉回同步，在发电机需拉回稳态同步时，增加励磁电流一定要迅速，不可延误。

（8）调减无功功率，使同步发电机由迟相运行向进相运行方式转变时要缓慢，特别在无功功率减到零以后，随着厂用电电压降低，注意监视高压辅机运行状态及相关参数（电流、轴承温度、定子线圈温度）的变化，密切监视发电机组各轴瓦振动是否超标，发电机是否有异常噪声。

（9）发电机进相运行期间增减负荷的原则是，加负荷时先加无功，后加有功；减负荷时先减有功，后减无功。

2. 发电机调峰运行

（1）当电网需要时，发电机允许调峰运行。发电机调峰运行负荷变化范围根据发电机厂家及调度要求执行。

（2）发电机负荷增减率，一般每分钟为额定负荷的 5％，紧急状态下取决于汽轮机。

（3）发电机每年允许启停 250 次，总计允许启停 10000 次。

3. 发电机功率因数变化时的允许运行方式

（1）发电机允许变功率因数运行。当降低功率因数时，转子励磁电流不允许大于额定值，而且视在功率应减少；当增大功率因数时，发电机的视在功率不能大于其额定值。

（2）发电机功率因数变化时的允许运行负荷按发电机 V 形曲线执行。

（四）发电机励磁系统运行中的监视与调节

1. AVR 调节器运行方式

（1）正常运行方式下，机组 AVR 系统运行在"远方控制""自动方式"。

（2）AVR 一般不允许在"手动方式"下运行，当 AVR 出现故障时，可短时在手动方式下运行，此时应加强对发电机电压、无功的监视，在机组加减负荷时应及时调整励磁，防止出现欠励或过励情况。

2. AVR 投入前的检查

（1）检查设备外观应无异常。

（2）检查各开关、按键应在规定位置。

（3）检查 AVR 系统的 ECT 显示器窗口上，参数指示应正常，运行和备用通道显示应正确、运行方式应正确。

3. AVR 运行期间的注意事项

（1）机组负荷 180MW 以上时，汇报调度投入 AVC 、PSS 运行。（注：具体数值和操作各发电厂不同）

（2）AVC 遥调方式时，应加强对发电机无功功率、机端电压、厂用母线电压的监视。当上述参数超出规定范围时，应及时汇报值长，退出 AVC"遥调"，手动调整无功，正常后投入 AVC"遥调"。

（3）发电机正常启动时，可用自动调节器将发电机升压并网；在发电机事故跳闸时，严禁用自动方式给发电机升压；发电机做空载及短路试验时，应使用自动调节器手动方式升压，严禁使用自动方式升压。

4. AVC 投入期间事故处理原则

（1）发电机出口电压应控制在 20.9～23.1kV，否则应切除 AVC，并手动调节，使电压恢复正常。

（2）发电厂高压母线电压应控制在调度要求的曲线范围内，否则应切除 AVC，并手动调节，使电压恢复正常。

（3）发电机无功功率不应大幅度波动，若发现无功功率波动大于 20Mvar/min，应切除 AVC。

（4）AVC 投入期间，若励磁系统发生异常，励磁电流大幅增加或降低造成 AVR 各类限制器动作时，严禁将 AVR 切至"手动"方式，应及时退出 AVC 遥调，汇报调度，并联系检修人员排除故障。

（五）发变组高压母线及厂用电高压母线的监视与调节

（1）监视发电厂高压母线电压，当偏离调度下达目标值超限时，应及时汇报调度，根据调度命令进行调整。

（2）监视并调整发电厂厂用电高压母线电压。

1）监视并调整高压厂用电母线电压在正常的范围内。

2）当高压备用变压器处于热备用时，应及时调整有载调压挡位，使高压厂用电备用电源电压与高压厂用电母线电压偏差在合格范围内。当高压备用变压器带高压厂用电母线运行时，应及时调整有载调压挡位，使高压厂用电母线电压在正常范围内。

三、相关知识

（一）同步发电机的工作原理

同步发电机是根据导体切割磁力线感应电动势这一基本原理工作的。因此，同步发电机应具有产生磁力线的磁场和切割磁场的导体。通常前者是转动的，称为转子；后者是固定的，称为定子（或称电枢）。定、转子之间有气隙。定子上有三相定子绕组，它们在空间上互差120°电角度，并对称分布放置在定子铁芯槽中，每相的结构参数都完全相同。转子具有 p 对磁极，上面装有直流励磁的转子绕组。当直流电流通过电刷和滑环流入转子绕组后，产生的主磁通由 N 极出来经过气隙、定子铁芯，在经过气隙进入 S 极构成主磁路。

当发电机的转子由原动机驱动，以转速 n 作恒速旋转时，定子中三相绕组的导体依次切割磁力线，于是三相绕组便感应出各相大小相等、相位彼此相差120°的交流电动势。若转子有 p 对磁极，转子以每分钟 n 的转速旋转，则每分钟内感应电动势变化 pn 个周期。电动势在1s内所变化的周期数称为交流电的频率，即 $f = \dfrac{pn}{60}$。

（二）同步发电机的结构

同步发电机本体由定子和转子组成。定子由定子铁芯、定子绕组、机座、端盖、风道等组成。定子铁芯和绕组是磁和电通过的部分，其他部分起着固定、支持和冷却的作用。转子由转子本体、护环、中心环、转子绕组、滑环及风扇等部件组成，转子本体由一根整体合金钢锻件加工而成。在转子本体上，径向地开有许多纵向槽，用于安装励

资源库 22_发电机结构

磁绕组。本体同时作为磁路，转子绕组由高强度的含铜线制成，要求具有良好的导电性能和机械性能。

大型发电机一般采用水氢氢冷却方式，即定子绕组（包括定子引线）直接水冷，定子出线氢内冷，转子绕组直接氢冷（气隙取气方式），定子铁芯氢冷。发电机定子绕组端部为可伸缩固定结构，转子设有滑移层、铜线防磨损垫条，适应调峰运行的要求。为减少由于不平衡负荷产生的负序电流在转子上引起的发热，提高发电机承担不平衡负荷的能力，在转子本体两端（护环下）设有阻尼绕组。

发电机具有进相运行能力。在功率因数0.95（超前）的情况下，发电机能带额定负荷长期连续运行，各部件温度和温升不超过国标规定允许值。

发电机定子绕组、转子绕组、定子铁芯的绝缘采用F级绝缘，按B级绝缘的温升考核。

（三）发电机励磁系统概述

1. 励磁系统的作用

（1）维持发电机或其他控制点的电压在给定水平。维持电压水平是励磁控制系统最

主要的任务，有三个主要原因：①保证电力系统运行设备的安全；②保证发电机运行的经济性；③提高维持发电机电压能力，也相当于提高电力系统稳定性。励磁控制系统对静态稳定、动态稳定和暂态稳定的改善，都有显著的作用，而且是最为简单、经济、有效的措施。

（2）控制并联运行机组无功功率合理分配。

2. 励磁系统的方式

励磁系统获得励磁电流的方法称为励磁方式，励磁方式可以分为直流发电机励磁方式和交流整流励磁系统。交流整流励磁系统又分为他励交流励磁系统和自并励交流励磁系统。

目前国内外大型机组应用最广泛的是自并励交流励磁系统，自并励交流励磁方式的励磁电源取自发电机本身。发电机的励磁电流由并接在发电机机端的励磁整流变压器经由晶闸管整流器、电刷、集电环供给，如图1-6-1所示。

3. 励磁系统的组成

励磁系统有励磁功率单元和自动励磁调节器两部分组成。其中励磁功率单元是指向同步发电机转子绕组提供直流励磁电流的励磁电源部分，而励磁调节器则是根据控制要求的输入信号和给定的调节准则控制励磁功率单元输出的装置。

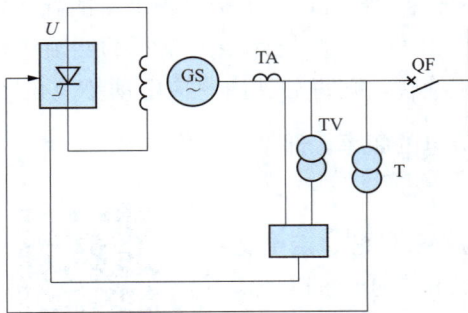

图1-6-1 自并励交流励磁系统

（四）同步发电机的并列条件与方法

现代电力系统的容量都很大，并且系统中都装有自动调压和调频装置，因此系统的频率和端电压均能保持恒定而不受负载变化的影响，这种恒频、恒压的电网通常称为"无穷大电网"。

1. 并列条件

同步发电机实际并列过程中，需要满足的四个条件。

（1）发电机的频率与系统的频率相同。

（2）发电机出口电压与系统电压相同，其最大误差应在5%以内。

（3）发电机相序与系统相序相同。

（4）发电机电压相位与系统电压相位一致。

2. 并列方法

同步发电机的并列方法可分为准同期并列和自同期并列两种。在电力系统正常运行情况下，一般采用准同期并列方法将发电机组投入运行；当电力系统发生事故时，为了快速地投入发电机组，采用自同期并列方法。

（1）准同期并列。将同步发电机并入电力系统的合闸操作通常采用准同期并列方式。准同期并列是在合闸前通过调整待并列机组的电压和转速，在满足并列条件（即电压、频率、相位相同）时，将发电机投入系统。如果在理想情况下，使发电机的出口开关合闸，则在发电机定子回路中的环流将为零，这样不会产生电流和电磁力矩的冲击，这是准同期并列的最大优点。一般情况下，现代大型同步发电机都采用准同期方法并网。

准同期控制器根据给定的允许压差和允许频差，不断地检查准同期条件是否满足，在不满足要求时闭锁合闸并且发出均压均频控制脉冲。当所有条件均满足时，在整定的越前时刻送出合闸脉冲。

（2）自同期并列。自同期并列法在发电机无励磁的情况下，将同步发电机并入电网后借助于同步发电机的自同步作用将同步发电机拉入同步运行的方法。此方法的优点是并列过程比较迅速，特别是在电力系统中发生事故或系统电压、频率发生剧烈波动时，采用准同期费时间而且困难较大，甚至不可能实现并列，但采用自同期方式就有可能较迅速地实现并列，但合闸及加励磁时有电流冲击，故只用于电网故障情况下发电机的并网。

（五）同步发电机的调节

当发电机满足理想并网条件并入电网后，尚处于空载状态，定子中无电流，此时发电机既不发出有功也不发出无功（$P=0$、$Q=0$）。

发电机空载运行时，发电机定转子中只有一个由励磁绕组中通入直流电产生的恒定磁场，该磁场在原动机的拖动下旋转，称为主极磁场（F_f）。当发电机带上负荷后，定子三相中的电流形成一个幅值恒定在空间旋转的磁场，称为电枢反应磁场（F_a）。该磁场和主极磁场磁极对数相同、转向相同、转速相同。

这两个磁场之间相互作用，当 F_a 与 F_f 垂直时或在同一直线时，对同步发电机的频率和电压都有影响，要保证频率和电压不变就需要调节原动机的功率和励磁电流。

1. 同步发电机有功功率的调节

当 F_a 与 F_f 垂直时［图 1-6-2（a）］，根据左手定则，电枢反应磁场 F_a 中转子导体受到一个与转动方向相反电磁力矩的作用，使转子转速下降，频率随之下降。此时要保证转子转速或频率不变，只有增加原动机的出力（汽轮机增加进汽量、水轮机增加进汽量），从而将机械能变成电能。

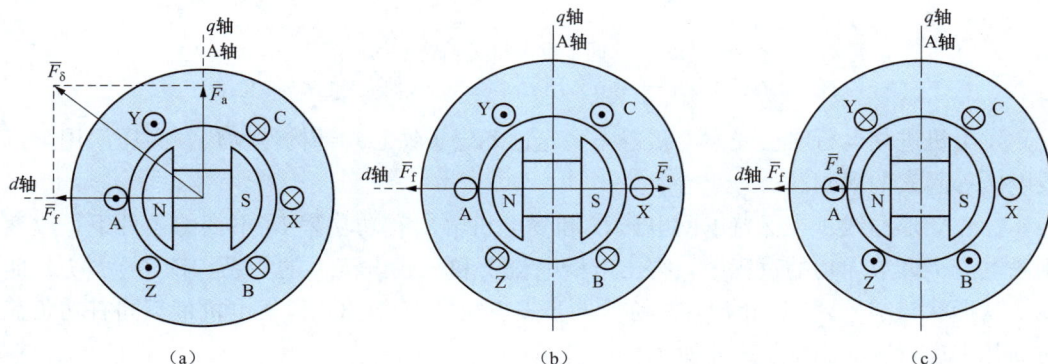

图 1-6-2　同步发电机电枢反应磁场 F_a 与 F_f 的位置关系
（a）F_a 与 F_f 垂直；（b）F_a 与 F_f 反向；（c）F_a 与 F_f 同向

当 F_a 与 F_f 方向相反时 [图 1-6-2（b）]，电枢反应磁场 F_a 与 F_f 相抵消，这会使机端电压下降，想要保持电压不变，只有增加励磁电流，使 F_f 增加，以抵消 F_a 的去磁作用；当 F_a 与 F_f 与方向相同时 [图 1-6-2（c）]，与上面的过程相反，为了保持机端电压不变，需要减小励磁电流。

2. 同步发电机无功功率的调节

除了有功功率之外，与电网并联的发电机还可以输出无功功率。

为了简化分析，仍然假定同步发电机满足理想并网条件并网，发电机既不发出有功也不发出无功（$P=0$、$Q=0$），定子中的电流为零（$I_a=0$）。同步发电机发出的无功功率为零（$Q=0$）的状态称为正常励磁，与之对应的励磁电流称为正常励磁电流 I_{f1}，相量图如图 1-27（b）所示。

调节励磁时，原动机的输入有功功率保持不变。

（1）增加励磁电流使 $I_f>I_{f1}$，根据前面的分析可知，励磁电流增加，空载电动势 E_0 增加，$E_0>U$，如图 1-6-3（c）所示。发电机同步电抗 x_t 上的压降为 $\Delta \dot{U}$，电流 $\dot{I}$ 滞后 $\Delta \dot{U}$ 和 $\dot{U}$ 90°，发电机对外发出感性的无功功率（$Q=UI\sin\phi>0$），此时称为过励磁（或迟相运行）。此时，同步输出无功功率，定子中的电流不再为零（$I_a>0$）。

（2）减小励磁电流使 $I_f<I_{f1}$，空载电动势 E_0 减少，$E_0<U$，如图 1-6-3（a）所示。如上分析电流 $\dot{I}$ 滞后 $\Delta \dot{U}$ 90°，但是超前 $\dot{U}$ 90°，电机对外发出容性的无功功率（$Q=UI\sin\phi<0$），此时称为欠励磁（或进相运行）。此时同步发电机吸收无功功率，定子中的电流不为零（$I_a>0$）。

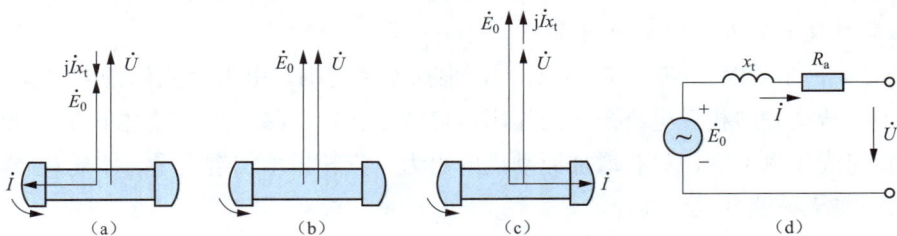

图 1-6-3 同步发电机无功功率的调节
(a) $I_f<I_{f1}$；(b) $I_f=I_{f1}$；(c) $I_f>I_{f1}$；(d) 隐极同步发电机等值电路

发电机进相运行时会受发电机静态稳定性和定子铁芯端部构件发热、高压厂用电母线电压等因素的限制。

（3）V 形曲线。在保持电网电压 U 和发电机输出有功功率 P_2 不变的条件下，改变励磁电流 I_f 调节无功的过程中，得出电枢电流 I 和励磁电流 I_f 的关系，即 $I=f(I_f)$ 曲线，其形状与字母"V"相似，故称为同步发电机的 V 形曲线。发电机带不同有功负荷时的几个运行区如图 1-6-4 所示。

综上可知，调节原动机的出力可以调整发电机的有功功率和频率，调节有功功率时，发电机发出的无功功率会略有下降；调节励磁电流可以调节发电机的无功功率和机端电压。

（六）汽轮发电机运行范围的限制条件及稳定运行极限

在稳定条件下，发电机的允许运行范围如图 1-6-5 所示，该运行范围取决于下列几个条件。

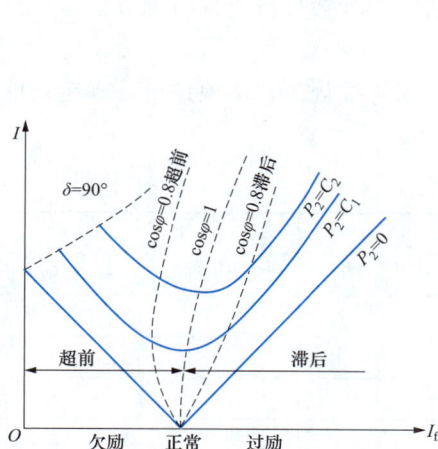

图 1-6-4　同步发电机 V 型曲线

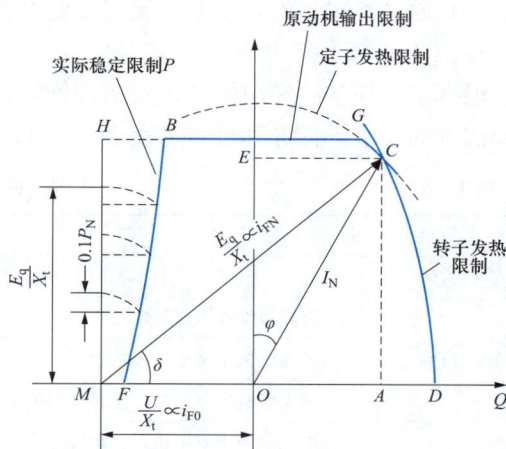

图 1-6-5　汽轮发电机的 P-Q 曲线

1. 原动机输出功率极限

同步发电机输出的有功和无功功率，可以根据电力系统的情况进行调节，但有功和无功功率都有最大值和最小值的限制。汽轮机输出的功率是根据发电机的额定有功功率 P_N 设计的，虽然有过载能力，但运行中不易高出 P_N。另外，还受最小功率 P_{min} 的限制，运行时也不能小于 P_{min}。限制 P_{min} 不是因为发电机本身，而是由于汽轮机和锅炉方面的原因。

2. 定子三相电流的限制

发电机三相定子绕组导体截面积、发电机的冷却系统都是按照额定电流设计的，运行中定子电流不可超过额定值。

3. 定子端部发热的限制

如前所述，发电机在进相运行时，定子端部的漏磁通将大于迟相运行状态的端部漏磁通，将在定子端部铁芯及金属压板等处感生过大的涡流，导致温度升高。当温度超过允许值时，就要限制无功功率的吸收。

4. 励磁电流的限制

发电机励磁绕组导体截面积、冷却条件、励磁系统等是按照发电机额定运行条件下所需的励磁电流（额定励磁电流）而设计的，所以运行中励磁电流不能超过额定值。

5. 进相运行稳定度的限制

由于发电机转入进相运行时功角 δ 增大，根据功角特性公式可知，此时容易出现不稳定情况，故此时就要限制其输出的有功功率或吸收的无功功率。

四、完成任务

登录相关的发电机组仿真平台，严格按照要求完成发电机系统的学习任务。

（1）通过本次学习，熟练掌握同步发电机的运行特性，能够合理地对同步发电机运行情况进行正确分析。

（2）通过本次学习，掌握发电机主要参数变化对发电机运行的影响。

（3）通过本次学习，能够正确有效地对发电机主要参数进行监视与调节。

五、任务评价

根据工作任务的完成情况，对照评价项目和技术标准规范，逐项评价，确定技能水平和改进的要求。任务评价表见表 1-6-4。

表 1-6-4　　　　　　　　　任 务 评 价 表

内　　　容		评　　　价	
学习目标	评价项目	个人评价	教师评价
知识目标	掌握同步发电机运行特性		
	熟悉发电机主要运行参数		
	掌握发电机主要参数变化对运行的影响		
技能目标	合理地对同步发电机进行运行分析		
	根据监视参数变化，调节发电机主参数		
	调节励磁系统，分析励磁的影响		
素质目标	沟通能力		
	团队合作能力		
	方法创新能力		
	突发事件处理能力		
改进要求			

六、课后练习

（1）同步发电机的工作原理。

（2）大型发电机的冷却方式。

（3）叙述自并励励磁方式的优点。

（4）简述发电机运行的一般规定。

（5）简述同步发电机本体的组成。

（6）AVR 投入前应该进行哪些检查？

（7）AVR 运行期间的注意事项是什么？

（8）AVR 投入期间事故的处理原则是什么？

工作领域二　　优化运行与节能分析

本工作领域包含三项任务，分别是任务一机组启停优化，任务二机组运行参数耗差分析与优化，任务三制粉系统优化运行。本工作领域核心知识点包括单元机组启、停过程中限制机组启、停速度的因素；根据机组运行状态，对机组启、停过程优化的策略；分析机组运行状态，降低机组启、停能耗的策略；单元机组的主要技术经济指标；估算技术经济指标对锅炉经济性的影响；单元机组煤耗特性；全厂机组间最优负荷分配原则；全厂机组间负荷最优分配策略；煤粉特性；煤粉燃烧的影响因素；制粉系统主要设备特性；制粉系统运行优化分析策略等。

工作任务一　启　停　优　化

一、　任务描述

发电机组的优化运行是电厂产生经济效益的基础，发电企业应通过对机组运行方式和设备运行参数的分析、优化，使其工作在最经济的运行状态。根据机组主辅设备的运行特性以及周围环境因素的影响，从运行角度入手，通过对设备启停方式、试验数据的分析，制订出切实可行的专业技术措施，使机组实时能够维持在最佳的运行方式。任务描述如下：

（1）学习单元机组启、停过程中限制机组启、停速度的各种因素。

（2）学习根据机组运行状态对机组启、停过程进行优化。

（3）学习通过分析机组运行状态降低机组启、停能耗。

二、　任务分析

本任务通过对不同的负荷指令或设备启、停任务来完成机组变工况的操作，实现变负荷后快速稳定设备系统的各种参数并维持各参数变化在允许范围内。以此来掌握机组启、停过程的操作方法，掌握限制机组启、停速度的因素，最终实现根据机组状态进行启、停过程的优化，降低发电机组的能耗。

三、　相关知识

1. 机组启动方式

（1）冲转方式的选择。大型火电机组通常采用高中压缸联合启动和中压缸启动两种方式。

1）高中压缸联合启动。高中压缸联合启动可分为主汽门冲转和高

资源库 23_汽轮机
的启动类型

63

压调节阀冲转两种模式。采用高压调节阀冲转时，因部分调节阀开启，易使汽缸受热不均匀，各部件温差较大，优点是启动过程中采用调节阀控制，操作方便灵活。主汽门冲转时，调节阀全开，汽轮机全周进汽受热均匀。在大型中间再热机组中压主汽门不参与调节，挂闸后就全部开启，而中压调节阀参与调节，调节方式为中压调节阀开度（或流量）与高压调节阀的开度（或流量）成 3∶1 的比例关系。

高、中压缸同时启动的优点是蒸汽同时进入高、中压缸冲动转子，这种方法可使高、中压缸的级组分缸处加热均匀，减少热应力，并能缩短启动时间；缺点是汽缸转子膨胀情况较复杂，胀差较难控制。

2）中压缸启动。用中压缸冲转时，高压缸暂时不进汽，处于真空状态，以防止高压缸鼓风发热，有的设置高压缸冷却系统，在转速升至 1500～2800r/min 时或并网带到一定负荷（10%～15%ECR）时，再逐步向高压缸进汽。

中压缸进汽启动的特点：中压缸启动过程中，汽轮机中速暖机结束后，高中压转子的温度一般升至 150℃以上，高中压转子提前度过脆性转变温度，提高了机组在高速下的安全性，启动时间短，燃料消耗少；中压缸转子为全周进汽，中压缸和中压转子加热均匀；冲转时高压缸不进汽，随着再热蒸汽压力升高后才逐步向高压缸进汽，这种启动方式对控制胀差有利，可以不考虑高压缸胀差问题，以达到安全启动的目的，同时高压缸和高压转子的受热也比较均匀，减少了启动过程中汽缸和转子的热应力；对特殊工况具有良好适应性，汽轮机加热均匀，寿命损耗小，对空负荷、低负荷和带厂用电等特殊运行方式适应性强。

（2）机组冷态启动的注意事项：

1）启动过程中保证水质合格、水量充足，满足系统清洗及点火要求。

2）燃油期间确保油燃烧器燃烧正常，避免油压大幅波动，确保油系统无漏油。

3）启动初期小油枪运行期间，控制磨煤机出力，防止入炉煤粉量过大，燃烧不完全，造成锅炉爆燃及尾部受热面二次燃烧。

4）锅炉转直流运行调节应平稳，以免锅炉运行工况不稳定而造成机组负荷、主要参数大幅度扰动。

5）启动过程中加强对空气预热器吹灰，防止空气预热器产生低温腐蚀或二次燃烧。

6）启动过程中加强对锅炉各受热面金属温度的监视，防止超温。

7）启动过程中要保证蒸汽管道、汽缸本体疏水系统畅通，注意监视金属温升率和高、中压缸上、下温差的变化，无水击、振动现象。如危及汽轮机安全时要果断停机。

8）暖机期间，高压内缸内上壁温度在 150℃以下时，高中压轴封压力不要太高，维持低限值，随着缸温的升高，逐渐提高高中压轴封压力。

9）启动过程中，检查汽轮机振动、胀差、汽缸膨胀、轴向位移、汽缸上下壁温差、EH 油压、汽轮发电机组的轴承金属温度、润滑油回油温度、润滑油压等各项参数在正常范围之内。汽轮发电机组内应无异常声音。

10）启动过程中，注意监视发电机绕组及铁芯的温度变化以及发电机内氢压的变化，及时调整氢温、内冷水温和密封油压力。

11）发电机开始转动后，即认为发电机及其全部设备均已带电，除有关高压测试工作外，不得在发电机回路进行任何检修工作。

12）只有在发电机充氢、定子绕组通水、各冷却器通水，且转速达到 3000r/min 后，才允许加励磁升压。转速超过 3000r/min 或低于 3000r/min 时，严禁加励磁，防止发电机过励磁。

13）启动过程中点火、升压、冲转、并网、切缸及带负荷各阶段的操作，应按照机组冷态启动曲线来控制进行。

（3）机组的温、热态启动。

1）汽轮机热态启动冲转参数应与缸温相匹配且满足热态冲转要求，主蒸汽温度应高于高压缸第一级金属温度 50～100℃，再热蒸汽温度应高于中压缸第一级处金属温度 50℃以上，且主、再热蒸汽温度有 50℃以上的过热度。

资源库 24_热态滑参数启动

2）冲转前先送轴封后抽真空。温态及以上启动时，高中压轴封蒸汽温度 360～440℃，有 50℃以上的过热度，轴封蒸汽温度要与缸温相匹配。在轴封暖管和送轴封过程中要严密监视汽缸上下缸温差及胀差的变化。

3）主、再热蒸汽管道疏水充分。高中压缸本体疏水处于关闭状态，冲转前 5min 再开启。

4）冲转前锅炉升温升压期间，注意各主汽阀、调节阀、止回阀是否严密，防止低温蒸汽或疏水漏入汽缸。

5）热态启动时无需进行高压缸正暖和中速暖机，摩擦检查后可直接升速至 3000r/min。

6）发电机开始转动后，即认为发电机及其全部设备均已带电，除有关高压测试工作外，不得在发电机回路进行任何检修工作。

7）只有在发电机充氢、定子绕组通水、各冷却器通水后，且转速达到 3000r/min 时，才允许加励磁升压。转速超过 3000r/min 或低于 3000r/min 时，严禁加励磁，防止发电机过励磁。

8）机组中速暖机时应检查并确认发电机各碳刷无跳动、卡涩或接触不良等现象。

9）机组定速后，检查各部分正常后，应尽快并列，将负荷加至汽缸金属温度对应的负荷，防止缸温大幅持续下降，定速后的空转时间应小于 15min。冲转及带负荷过程中，密切注意机组振动情况，防止汽轮机负胀差过大。

10）机组热态启动过程中锅炉无需进行热态清洗。

11）热态启动时锅炉上水应缓慢（因给水温度与省煤器、水冷壁壁温差较大），上水流量应根据水冷壁和储水箱壁温情况进行控制，一般上水流量不超 50～100t/h，最大不超过 200t/h；省煤器入口和出口给水温度最大温差应小于 105℃，超限时应立即降低上水速度，防止锅炉水冷壁发生振动。

12）锅炉升温升压速率严格按照机组温态启动曲线、机组热态启动曲线及机组极热态启动曲线执行。

13）机组热态启动采用中压缸冲转时，通过机侧疏水或高低压旁路把锅炉主汽压泄至 10MPa，通过旁路将再热汽压维持在 0.8MPa。

14）其他的操作及注意事项同冷态启动。

2. 机组停运方式

（1）滑参数停机。一般用于停机消缺或计划性 A、B、C 级检修停机（C 级及以上检修等计划停机），主要是为了使停机后的汽缸金属温度降到较低的温度水平，以使机组得到最大限度的冷却，使检修提前开工，缩短检修工期。

（2）额定参数停机。一般用于临时停机消缺或调峰停机热备用，汽温、汽压的降低值视停机后缸温需保持的温度而定。主要是为了短时间消缺处理后能及时启动，希望机组的汽缸金属温度维持较高的温度水平，缩短机组的启动时间。

（3）紧急停机。主要用于机组发生事故、危及人身及设备安全运行、突发的不可抗拒的自然灾害等。

3. 机组停运节能措施

（1）机组停运后汽轮机节能措施。

1）机组停运后，变频凝结水泵在能保证给水泵密封水差压、轴封减温水正常情况下尽量降低频率，减小凝结水泵电流。

2）机组停运后将循环水切旁路运行，降低循环泵电流，水塔冬季运行时应防止结冰。

3）低压缸排汽温度小于 45℃时，停运凝结水泵，停运前检查凝结水应无用户。

4）低压缸排汽温度小于 40℃时，应及时停运循环泵。

5）汽包压力到零时应破坏真空，停运真空泵，真空到零后停运轴封系统。

6）循环泵停运后将循环水清污机打至就地或停运断电。

7）汽轮机润滑油、顶轴、盘车达到停运条件时，根据要求进行停运。

8）旁路油站在汽轮机破坏真空后停运。

9）定冷水系统根据电气保养要求进行停运。

10）发电机内无压力，盘车停运将密封油系统停运。

（2）机组停运后锅炉节能措施。

1）机组停运后，停运锅炉通风吹扫 5min 后，立即停止送、引风机，锅炉密闭。

2）机组停运 24h 后，汽包上水采用给水泵阶段启动方式，汽包上水到高水位，停运给水泵，下次上水再次启动给水泵。

3）空气预热器入口烟温降至 85℃时停止空气预热器运行。

4）炉膛出口烟温降至 80℃时停止火检冷却风机运行。

5）锅炉各辅机停止 2h 后，停运相应的油泵，对于反转的风机油站不能停止的，要查看风门挡板是否严密，停不了的要做好记录。

6）停炉后启风机进行强制冷却，当锅炉各受热面壁温均冷却到 50℃以下时，停运

资源库 25_停机类型及额定参数停机

风机。

（3）机组停运后电气节能措施。

1）机组停运后，立即将主变压器、厂用变压器、励磁变压器冷却系统、励磁间空调、汽轮机配电室空调、氢干燥器停运。

2）停运机组必须投运的负荷，在具备由运行机组供电的情况下，不得由启动备用变压器供电，包括外围的变压器。

3）室内变压器的冷却风扇投自动控制，除非变压器有缺陷、故障等情况，否则严禁手动启动风扇。

4）设备检修后试运时，严格执行试运标准，达到试运时间必需立即停止运行。

5）合理安排停机方式和参数选择，保证停备机组在 72h 内完成 6kV 电源环带。

4. 主机循环泵启停节能运行措施

为节约厂用电，单机单泵运行时，负荷大于额定值 60％以上且循环水进水温度大于 30℃时，启动第二台循环泵；负荷大于额定值 80％以上且循环水进水温度大于 15℃时，启动第二台循环泵；负荷在额定值 90％以下且循环水进水温度小于 10℃时，停运一台循环泵；负荷在额定值 70％以下且循环水进水温度低于 24℃时，可停运一台循环泵。

四、完成任务

登录相关的发电机组系统仿真平台，严格按照要求完成机组启停优化的学习任务。

（1）通过本次学习，了解并掌握单元机组启、停过程中限制机组启、停速度的影响因素。

（2）通过本次学习，能够根据机组运行状态，提出对机组启、停过程的优化方案，并尝试寻找最优方案。

（3）通过本次学习，能够根据机组运行状态，提出降低机组启、停能耗的有效方案。

五、任务评价

根据工作任务的完成情况，对照评价项目和技术标准规范，逐项评价，确定技能水平和改进的要求。任务评价表见表 2-1-1。

表 2-1-1　　　　　　　　　　　　任　务　评　价　表

内　　　容		评　　　　　价	
学习目标	评　价　项　目	个人评价	教师评价
知识目标	限制机组启、停速度的因素		
	机组正确启动方式		
	机组停机方式		
	分析机组启、停运行过程中能耗的来源		
技能目标	提出机组启、停过程的优化方案		
	提出机组节能启动的方法		
	提出机组节能停机的方法		

续表

内 容		评 价	
学习目标	评 价 项 目	个人评价	教师评价
素质目标	沟通能力		
	团队合作能力		
	方法创新能力		
	突发事件处理能力		
改进要求			

六、 课后练习

（1）大型火电机组通常采用的启动方式有哪些？

（2）机组冷态启动的注意事项有哪些？

（3）机组停运后汽轮机可以采用的节能措施有哪些？

（4）机组停运后锅炉可以采用的节能措施有哪些？

（5）机组停运后电气可以采用的节能措施有哪些？

（6）分析机组启动方式，提出启动过程的优化方案（至少两种不同形式的优化，并比较一下方案的优缺点，找出最优方案）。

（7）分析机组停机方式，提出停机过程的优化方案（至少两种不同形式的优化，并比较一下方案的优缺点，找出最优方案）。

工作任务二　运行参数耗差分析与优化

一、 任务描述

机组运行参数的优化调整是为了保证机组的运行安全并提高运行效率，降低整个机组的厂用电率，减少污染物的排放。运行参数优化调整的主要内容包括：对主蒸汽压力和温度的调整，对再热蒸汽压力和温度的调整，对给水温度的调整，对凝汽器真空的调整，对煤耗、水耗、电耗的调整，对单个或多个设备系统参数的调整以及对机组控制系统的优化调整等。任务描述如下：

（1）了解单元机组主要技术经济指标。

（2）根据相关公式估算机组的主要技术经济参数对锅炉经济性影响。

（3）根据计算出的技术经济参数，提出提高机组运行经济性的主要措施。

（4）学习单元机组煤耗特性，学习全厂机组间最优负荷分配原则。

（5）学习全厂机组间负荷最优分配方案。

二、 任务分析

这项任务需要熟悉单元机组主要技术经济指标，能根据相关公式估算这些技术经济指标参数对锅炉、汽轮机经济性的影响，提出提高机组运行经济性的主要措施。需要掌握单元机组煤耗特性以及全厂机组间的最优负荷分配原则，能进行全厂机组间负荷最优分配。

三、相关知识

1. 发电厂主要技术经济指标

发电厂的技术经济指标有全厂经济指标和与机组特性有关的经济指标的两大类。全厂经济指标主要包括煤耗率、厂用电率和发电水耗率。与机组特性有关的经济指标包括锅炉效率、机组热耗率以及与机组热效率相关的主蒸汽压力和温度、再热蒸汽温度、排烟温度、氧量、飞灰可燃物、给水温度、高加投入率、汽轮机背压、凝汽器端差等。

（1）煤耗率及运行小指标。在指标管理上，一般把煤耗率称为大指标，煤耗率是生产单位电能所消耗的燃料量，分为发电煤耗率和供电煤耗率。

小指标是在机组运行中影响煤耗率的主要参数，通过对小指标的统计和分析，可以找出影响煤耗率的主要矛盾，为电厂节能降耗的生产技术管理提供重要依据。

机组运行的小指标主要有以下几个：

1）锅炉参数。主要是影响锅炉效率的因素，包括锅炉的排烟温度、飞灰可燃物、锅炉漏风系数等。

2）汽轮机参数。主要是影响机组热力循环效率的汽轮机内效率的因素，包括汽耗率、主蒸汽参数、再热蒸汽参数、给水温度、汽轮机背压等，其中影响汽轮机的主要因素有凝汽器端差、过冷度、循环水入口温度、循环水温升等。

3）机组补充水率。除生产过程中必需的排污、自用汽、供热用汽外，补充水率反映了热力系统内外泄漏造成的工质损失和热损失，直接影响机组效率。

4）机组的厂用电率。反映了辅机运行效率的高低、辅机及其系统运行操作是否合理等。

（2）厂用电率。在同一时间段内，发电厂的厂用电量占发电量的百分比。显然同一负荷下，厂用电量越小越好。

（3）发电水耗率。发电水耗率表示发电厂同一时间内从水源取水量与发电厂发电量的比值。

2. 提高机组经济性的主要运行措施

（1）提高机组热力循环效率的主要运行措施是将主蒸汽压力、温度，再热蒸汽温度保持在规定值，回热系统正常投入，给水温度在设计值，尽量降低汽轮机的背压等。

（2）提高锅炉效率，降低锅炉排烟温度、锅炉漏风率、飞灰可燃物含量，要做好制粉系统锅炉燃烧调整试验，制订出各种工况的运行卡片，作为运行人员的操作依据，要按规定做好吹灰和清焦工作，做好锅炉堵漏风工作，使锅炉经常保持在良好工况下运行。

（3）加强燃料管理，严格计量，严格控制入厂煤质，煤质偏离设计值在限定以内。特别是对煤的挥发分、灰分、硫分、结焦特性进行严格的监督，使锅炉能在良好的条件下运行。

（4）提高设备管理水平，努力降低热力设备及系统的内外泄漏，减少工质和热损失。

（5）提高辅机的运行经济性，减少辅机的节流损失，使其尽可能在高效区运行。要通过试验确定辅机及其相关系统在不同的运行工况下合理的运行方式，努力降低厂用电率。

（6）严格机炉运行的化学监督，严格控制凝结水硬度、给水溶氧量、给水 pH 值及锅水、蒸汽品质，防止锅炉、凝汽器、回热加热器等受热面及汽轮机通流部分发生腐蚀、结垢和积盐而导致热力设备运行工况恶化。

（7）提高机组的自动化水平，通过合理控制使机组运行参数维持在规定的数值。

（8）采取措施节约发电用水，其主要途径是保持合理的循环水的浓缩倍率，提高除灰的灰水比，加强废水回收综合利用。

（9）加强运行的计量工作，能定量分析机炉的运行指标，为设备的经济运行提供可靠的依据。

（10）要充分发挥电厂热力试验室的作用，除定期对机组运行进行测试和调整外，还要针对影响机炉运行经济性的情况进行专题试验和分析。

3. 蒸汽参数变化对汽轮机经济性的影响

蒸汽任一参数偏离设计值，都会引起机组循环热效率和汽轮机内效率的变化，并导致汽轮机热耗率的改变，即对机组运行经济性产生影响。

（1）主蒸汽压力变化对经济性的影响。当主蒸汽温度、排汽压力不变，而主蒸汽压力变化时，将引起汽轮机进汽量、理想比焓降和内效率的变化。主蒸汽压力变化不大时，相对内效率可认为不变。若调节阀开度不变，则对凝汽式机组或者调节级为临界工况的机组，其进汽量与主蒸汽压力成正比，故汽轮机的功率变化与主蒸汽压力变化成正比。以主蒸汽压力降低为例，当压力降低时，蒸汽在锅炉内的平均吸热温度相应降低，机组的循环热效率随之降低，而使热耗率相应增大，功率随压力降低而减少。若主蒸汽压力升高，则反之。

（2）主蒸汽温度变化对经济性的影响。当主蒸汽压力、排汽压力不变，而主蒸汽温度升高时，蒸汽比体积相应增大，若调节阀开度不变，则汽轮机进汽量相应减少，此时蒸汽在高压缸的理想比焓降稍有增加，高压缸功率与主蒸汽温度的二次方根成正比，但中、低压缸的功率因再热蒸汽流量和中、低压缸理想比焓降减小而减少，因高压缸功率占全机功率的比例小（约为三分之一），全机功率相应减少。此时，蒸汽在锅炉内的平均吸热温度升高，而使循环热效率相应增加，故机组热耗率相应降低。若主蒸汽温度降低，则反之。

（3）再热蒸汽压力变化对经济性的影响。主蒸汽参数变化，均将引起汽轮机进汽量相应变化，从而使再热蒸汽流量或再热器流动阻力改变，由此引起再热蒸汽压力改变。若再热蒸汽温度不变，而再热蒸汽压力降低且排汽压力不变时，则中、低压缸的流量和理想比焓降都相应减小，排汽湿度随再热蒸汽压力降低而有所降低，虽然这可使低压级的相对内效率增大，但综合的结果，汽轮机中、低压级的功率相应减少。另外，再热蒸汽在锅炉再热器中的平均吸热温度相应降低，且排汽比焓相应增加，从而使机组热耗率相应增大。若再热蒸汽压力升高，则反之。

（4）再热蒸汽温度变化对经济性的影响。当主蒸汽参数和排汽压力不变，而再热蒸汽温度升高时，再热蒸汽比体积相应增加，同时中、低压缸内的理想比焓降也相应增加，故而中、低压缸功率增大。另外，随着再热蒸汽温度升高，低压缸排汽湿度会相应降低，则低压缸效率相应提高。又再热蒸汽温度升高，蒸汽在锅炉内的平均吸热温度必然升高，这使得机组循环热效率提高，热耗率降低。若再热蒸汽温度降低，则反之。

（5）排汽压力变化对经济性的影响。当主蒸汽和再热蒸汽参数不变时，汽轮机进汽量和蒸汽在锅炉中的吸热量均不变，当排汽压力升高时，会引起机组功率减少，热耗率增大。

4. 加热器的端差对设备的影响

加热器的端差一般指加热器抽汽压力下的饱和温度与加热器出口水温之差值。加热器端差还有上下端差的概念，上端差是指加热器抽汽饱和温度与给水出水温度之差；下端差是指加热器疏水温度与给水进水温度之差。

端差增大说明加热器传热不良或运行方式不合理。上端差过大，为疏水调节装置异常，导致高加水位高，或高加泄漏，减少蒸汽和钢管的接触面积，影响热效率，严重时会造成汽轮机进水。下端差过小，可能是抽汽量小，说明抽汽电动门及抽汽止回阀未全开；下端差过大，可能是疏水水位低，部分抽汽未凝结即进入下一级，排挤下一级抽汽，影响机组运行经济性，另外，部分抽汽直接进入下一级，导致疏水管道振动。

四、完成任务

登录相关的发电机组仿真平台，严格按照要求完成机组运行参数耗差分析的学习。

（1）通过本次学习，掌握单元机组主要技术经济指标。

（2）通过本次学习，能够正确地使用相关公式估算机组的主要技术经济参数对锅炉经济性的影响。

（3）通过本次学习，能够根据计算出的技术经济参数，提出提高机组运行经济性的可能性措施。

（4）通过本次学习，掌握单元机组煤耗特性，掌握全厂机组间最优负荷分配原则。

（5）通过本次学习，能够运用所学知识提出全厂机组间负荷最优分配方案。

五、任务评价

根据工作任务的完成情况，对照评价项目和技术标准规范，逐项评价，确定技能水平和改进的要求。任务评价表见表2-2-1。

表2-2-1　　　　　　　　　　　任务评价表

内　　　容		评　　　价	
学习目标	评　价　目　标	个人评价	教师评价
知识目标	单元机组主要技术经济指标		
	单元机组煤耗特性		
	全厂机组间最优负荷分配原则		

内　　　容		评　　价	
学习目标	评　价　目　标	个人评价	教师评价
技能目标	机组技术参数对锅炉经济性的影响		
	提高机组经济性的主要措施		
	全厂机组间负荷最优分配方案		
素质目标	沟通能力		
	团队合作能力		
	方法创新能力		
	突发事件处理能力		
改进要求			

六、课后练习

（1）评价发电厂经济性的技术经济指标主要有哪些？

（2）主蒸汽压力变化对机组经济性有什么影响？

（3）主蒸汽温度变化对机组经济性有什么影响？

（4）再热蒸汽压力变化对机组经济性有什么影响？

（5）再热蒸汽温度变化对机组经济性有什么影响？

（6）汽轮机排汽压力变化对机组经济性有什么影响？

（7）什么是加热器端差？

（8）估算机组主要技术经济参数对锅炉经济性的影响，根据数据提出可行性的机组经济性优化方案，优化机组间的负荷分配（至少两种不同形式的优化，并比较一下方案的优缺性，找出最优方案）。

工作任务三　制粉系统优化运行

一、任务描述

现代大型电厂锅炉一般采用煤粉燃烧。这种燃烧方式具有较高的燃烧效率、较广的煤种适应性以及较迅速的负荷响应性。原煤必须经过破碎，然后在磨煤机中磨制成一定细度和干度的煤粉，再由空气携带经燃烧器进入炉膛燃烧。原煤磨制与干燥工作由制粉设备承担。制粉设备是锅炉的主要辅助设备，又是耗能较大的设备，其工作直接影响锅炉的安全经济运行。因此，进行制粉系统的运行优化，降低煤耗以及制粉能耗，就成为评价机组运行经济性的重要指标之一。任务描述如下：

（1）学习煤粉特性，了解影响煤粉燃烧的因素。

（2）学习制粉系统主要设备的特性。

（3）学习制粉系统运行优化调节策略。

（4）通过对制粉系统运行进行优化分析，降低制粉过程的能耗，提高机组运行的经济性。

二、任务分析

本任务需要了解影响煤粉燃烧的因素，掌握制粉系统优化运行的方法以降低制粉能耗，保证机组的安全、经济运行。

通过学习煤粉特性和影响煤粉燃烧的因素，学会对制粉系统运行进行优化分析，从而通过降低制粉系统能耗，达到提高机组运行经济性的目的。

三、相关知识

1. 煤粉的经济细度

煤粉细度对锅炉燃烧和制粉系统运行的经济性有较大影响。煤粉颗粒越细，就越容易燃尽，有利于减少固体未完全燃烧热损失 q_4；煤粉细度可适当减少炉内过量空气量，降低锅炉排烟热损失 q_2。但煤粉过细，会增大制粉耗电量 q_n 和制粉过程的金属磨损 q_m，从而增加制粉系统运行费用。使 q_2、q_4、q_n、q_m 之和 q 为最小的煤粉细度称为煤粉的经济细度，如图 2-3-1 所示。

资源库 26_煤粉细度

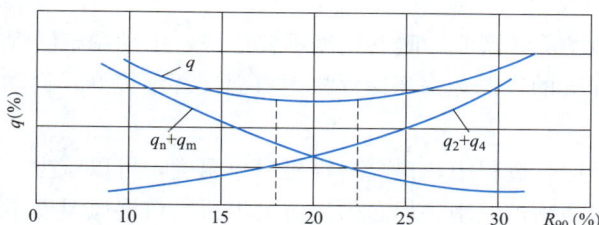

图 2-3-1　煤粉经济细度的确定

q_2—排烟热损失；q_4—固体未完全燃烧热损失；q_n—制粉耗电量；q_m—制粉金属磨损

煤粉经济细度和煤的性质、制粉设备的工作特性和燃烧设备等因素有关。对于挥发分较高、易燃烧的煤种，为降低制粉电耗，煤粉颗粒允许磨得粗一些；对于挥发分较低的煤，为减少固体未完全燃烧热损失，煤粉颗粒应相对磨得细一些。实际工作中，对于不同煤种和不同燃烧设备，煤粉经济细度可通过试验确定，如无试验数据，可参考表 2-3-1 选用。

表 2-3-1　　　　　　　　　经济煤粉细度的推荐值

煤　　　种	R_{90}（％）
褐煤	30～60
烟煤	15～35
贫煤	12～20
无烟煤	5～12

2. 煤粉细度的调整

煤粉细度的变化和分离器折向门开度、磨辊研磨力、给煤量、一次风量大小等因素有关。煤粉细度的调整主要是通过改变分离器折向门叶片的开度来完成的，折向门叶片开度从大到小，则煤粉细度也由大变小（煤粉由粗变细）。当折向门叶片开度最大（半径方向）时，若煤粉还太细，就需要减少磨辊弹簧压力；反之，当折向门叶片开度最小时，煤粉仍然很粗，则需要加大磨辊弹簧的压力。需要注意的是，磨煤机的一次风量也影响煤粉的细度，但是一次风量的大小取决于使炉内保持良好燃烧的一次风比例，不能将其作为调节煤粉细度的手段。

磨煤机在初次运行时，折向门开度暂定为45°。经过1000h以上的运行后，通过性能试验可以得出磨煤机运行的最佳工况，即满足锅炉燃烧的经济细度。试验主要包括调整最佳折向门开度、最佳研磨力和适当的一次风量等。在磨煤机运行过程中，如果折向门磨损严重、回粉挡板关闭不严或挂有杂物都会影响煤粉的分离，故要经常维护和检查。

3. 磨煤机出力及磨辊加载性能的调整

（1）要根据磨煤机出力的大小调整磨辊的加载力。

（2）变加载是由给煤机电流信号，控制比例溢流阀压力大小，可通过变更储能器和油压来实现加载力的变化。

4. 磨煤机出口温度控制

（1）制粉系统启动前暖磨时，暖磨速度不要过快，手动调整磨煤机冷、热风调节挡板，以不大于3℃/min的升温速率将磨煤机出口温度逐渐提升，启动暖磨时磨煤机出口温度不超过70℃。

（2）磨煤机正常运行过程中，提高磨煤机出口温度，可以减少一次风冷风流量，从而降低排烟温度，提高锅炉效率。但必须注意磨煤机入口混风温度不能过高，一般应控制在245℃以内；在夏天，入口混风温度比较低（小于225℃）时，可以适当提高磨煤机出口温度。

5. 磨煤机一次风风量控制

（1）磨煤机风煤比过大时，特别是在80％左右的机组负荷工况下，各台磨内置的风煤比曲线不完全一样，应尽量控制制粉系统的风煤比在设计值运行。

（2）各磨煤机的一次风流量是磨煤机安全、经济运行的主要监控参数之一。操作人员应合理调整，维持磨煤机的一次风流量稳定正常。各磨煤机入口一次风压力，是用来判断磨煤机是否存在堵塞以及一次风流量测量是否正确的辅助参数，不应为了保持一次风入口压力，调整一次风流量，使得磨煤机风煤比过大。

四、 完成任务

登录相关的发电机组仿真平台，严格按照任务完成制粉系统优化运行的学习。

（1）通过本次学习，掌握煤粉特性，熟记煤粉燃烧的影响因素。

（2）通过本次学习，掌握和了解制粉系统运行过程中的优化调节策略。

（3）通过本次学习，能够对制粉系统运行进行可行性优化分析。

（4）通过本次学习，能够提出降低制粉能耗、提高机组运行经济性的方案。

五、 任务评价

根据工作任务的完成情况，对照评价项目和技术标准规范，逐项评价，确定技能水平和改进的要求。任务评价表见表2-3-2。

表 2–3–2　　　　　　　　　　　任 务 评 价 表

内　容		评　价	
学习目标	评 价 目 标	个人评价	教师评价
知识目标	掌握煤粉特性		
	了解煤粉燃烧的影响因素		
	掌握制粉系统运行的优化调节策略		
技能目标	对制粉系统运行进行优化分析		
	提出降低制粉能耗的方案		
素质目标	沟通能力		
	团队合作能力		
	方法创新能力		
	突发事件处理能力		
改进要求			

六、　课后练习

（1）简述影响煤粉经济细度的因素。

（2）如何调整煤粉细度？

（3）简述磨煤机出口温度的调整方法。

（4）简述磨煤机一次风量的调整方法。

（5）通过学习制粉系统运行的调整，设计可行性的制粉系统降低能耗方案。

（6）根据制粉系统稳定运行工况，设计可行性制粉改进方案，提高机组运行的经济性。

工作领域三　机　组　试　验

本工作领域包含三项任务，分别是锅炉试验、汽轮机试验和电气试验。本工作领域核心知识点包括不同类型机组试验的制度要求，单元机组的试验目的、试验原理、相关试验的操作条件及操作步骤。

关键技能项包括：锅炉试验的目的及操作方法、汽轮机试验的目的及操作方法、电气试验的目的及操作方法。

工作任务一　锅　炉　试　验

为了保证锅炉设备的安全运行，使备用设备始终处于良好的备用状态，及时发现并消除设备缺陷，防止设备误动、拒动、卡涩、自动系统失灵或调节性能恶化，必须对锅炉相关设备进行试验测试，以确认其工作状态正常。

一、任务描述

锅炉设备试验主要包括机组大修后的设备运行状况的检测调整性试验和锅炉启动过程中的系统检查性试验，这些试验都是发电集控运行人员的核心工作之一。每次机组正常启动前和机组大修后的整个机组启动前均要进行相关设备系统的试验，主要有锅炉水压试验、锅炉空气动力场试验、安全阀校验、锅炉辅机连锁及保护试验、燃油泄漏试验以及锅炉燃烧调整试验等。任务描述如下：

（1）锅炉水压试验。

（2）锅炉空气动力场试验。

（3）锅炉安全阀试验。

（4）锅炉辅机连锁及保护试验。

（5）燃油泄漏试验。

（6）锅炉燃烧调整试验。

二、任务分析

锅炉设备的相关试验要求掌握影响试验的因素，熟练掌握锅炉试验项目的操作步骤，做好安全预控措施，严格按照程序，逐项完成。

（一）锅炉水压试验

1. 水压试验的目的

在冷态下检验锅炉承压部件的严密性、有无变形、损伤情况，保证锅炉安全、稳定、可靠地运行。

2. 水压试验的条件

（1）锅炉除一般六年进行一次水压试验外，锅炉受压元件经重大修理（包括 A、B、C 级检修）或改造后的锅炉投运前，应进行锅炉超水压试验。

（2）锅炉 A、B 级检修或因受热面泄漏检修后一般做额定工作压力下的水压试验。

（3）遇有下列情况之一时，应进行锅炉超水压试验：

1）停用一年以上的锅炉恢复运行时。

2）锅炉改造、受压元件经 A 级检修或更换后，如水冷壁管更换 50% 以上，过热器、再热器或省煤器等部件成组更换及汽水分离器、储水罐进行了重大检修时。

3）锅炉严重超压达 1.25 倍工作压力及以上时。

4）锅炉严重缺水后受热面大面积变形时。

5）根据运行情况，对设备安全可靠性有怀疑时。

3. 锅炉水压试验压力规定（参考某 660MW 超超临界机组）

（1）一般情况下，水压试验压力为额定工作压力。

（2）锅炉超压试验的压力按制造厂规定执行，主蒸汽系统试验压力取高温过热器出口设计压力的 1.25 倍且不小于省煤器进口设计压力的 1.1 倍，即主蒸汽系统试验压力为 39.16MPa。再热蒸汽系统试验压力为再热器进口设计压力的 1.5 倍，即再热蒸汽系统试验压力为 10.2MPa。

4. 锅炉水压试验范围

（1）锅炉主蒸汽系统水压试验范围为主给水管、省煤器、水冷壁、启动系统、过热器、给水出口至高压汽轮机高压主汽门前（或末级过热器出口水压试验堵板）。

（2）再热器部分水压试验范围为自冷段再热器进口管道水压试验堵阀到热段再热器出口管道水压试验堵阀。

（3）锅炉汽水管道附件二次门前系统参加工作压力的水压试验，PCV 控制阀不参加水压试验。

5. 水压试验的要求

（1）锅炉承压部件检修（安装）完毕，联箱的孔门封闭严密，汽水管道及其阀门附件连接完好。

（2）水压试验用水必须使用合格的除盐水或冷凝水，氯离子含量应小于 0.2mg/L，并用氨水调节 pH 值为 10～10.5。

（3）水压试验的水温应控制为 20～70℃。上水温度与储水罐和汽水分离器的壁温差不大于 28℃。

（4）水压试验时环境温度一般应在 5℃ 以上，否则应有可靠的防冻措施。

（5）水压试验的顺序，应先做再热蒸汽系统，后做锅炉主蒸汽系统。

（6）超压水压试验前，必须安装安全阀堵头及弹簧吊架的销子，PCV 阀置于"手动"位置，储水罐水位计退出运行。

6. 水压试验合格标准

（1）停止上水后（在给水门不漏的条件下）5min 压力下降值：主蒸汽系统不大于 0.5MPa，再热蒸汽系统不大于 0.25MPa。

（2）承压部件金属壁和焊缝无漏水及湿润现象。

（3）承压部件无明显的残余变形。

7. 锅炉水压试验前的准备

（1）水压试验前应将主蒸汽、再热蒸汽管道和下水连接管道、过渡段水冷壁连接管道、启动系统连接管道、联箱等各管道上的恒力弹簧吊架、可变弹簧吊架、炉顶恒力及可变弹簧吊架以及碟簧吊架用插销或定位片临时固定，暂当刚性吊架用，水压试验后应拆除。

（2）水压试验前准备充足的除盐水。

（3）水压试验压力以就地压力表的指示为准，至少使用两块经校验合格的压力表，压力表精确度 0.5 级，并进行校对。CRT 上过热器出口压力，再热器进、出口压力显示经校验正确并投入。

（4）所需通信工具准备齐全。

（5）检查锅炉汽水系统与汽轮机确已隔绝，汽轮机主汽门后疏水门、中压主汽门上下阀座疏水应打开。

（6）在锅炉进水前，应检查汽水系统阀门处于正确状态。

（7）再热器冷段入口水压堵板和热段出口再热蒸汽管道上的水压堵板确已安装完毕，再热器出口管道水压堵板前放水门确已关闭。

8. 水压试验前必须进行的安全检查

（1）检查与锅炉水压试验有关的汽水系统检修工作已结束，工作票已终结。

（2）炉内无人工作。

（3）压力表均已校准，压力传送管均正确连接，压力表前阀门处于打开位置。

（4）所有安全阀必须装上堵头隔离。

（5）所有阀门应调节自如，且正确安装就位。

（6）所有膨胀指示器安装指示正确。

（7）361 阀不参加水压试验。

（8）汽轮机侧安全隔离到位，保证汽轮机侧安全。

9. 水压试验操作原则

（1）过热器和再热器系统都需做水压试验时，应先做再热器系统，后做过热器系统。做过热器试验时再热系统要做隔绝措施。

（2）水压试验由运行人员负责操作，检修维护人员负责检查，有关专业技术人员参加。

（3）水压试验应设专人负责升压，升压和降压时要得到现场指挥的许可才能进行，升压速度应缓慢平稳。

10. 过热器系统水压试验操作

（1）检查给水系统上水条件满足后，启动前置泵上水，注意控制上水速度，待各空气门见水后，关闭各空气门。

（2）当所有过热器系统空气门见水关闭后，启动汽动给水泵，锅炉开始升压。

（3）锅炉缓慢升压，控制升压速度不大于 0.3MPa/min，压力升至试验压力的 10％ 时（超压试验时为 3.92MPa）暂停升压，进行检查，观察压力无变化，受热面无异常后，稳压 15min。

（4）检查无异常后，继续以不大于 0.3MPa/min 的升速率升压至省煤器入口工作压力（35.6MPa）后，停止升压，关闭上水门，稳定 20min 后，全面检查无异常情况且 5min 压力下降应不大于 0.5MPa 为合格。注意后期升压应缓慢进行，防止锅炉超压。

（5）当需要进行超水压试验时，升至工作压力后进行全面检查，确认无泄漏和异常现象后方可继续升压，升压速度应不大于 0.1MPa/min，当省煤器进口压力升至 39.16MPa 时，在此压力下保持 20min，检查 5min 压力下降应不大于 0.5MPa。开启疏水门以小于 0.3MPa/min 的降压速度降压。当降至工作压力时进行全面检查，并做好记录。

（6）检查受热面无泄漏后，开启疏水门，以小于 0.3MPa/min 的速度降压。压力降至 0.1～0.2MPa 时，全开过热器系统放空气阀和疏水阀。

11. 再热器系统水压试验操作

（1）再热器水压试验时，通过再热器减温水管进水、升压。当再热器各空气门见水后停止上水，关闭再热器各空气门。

（2）以不大于 0.3MPa/min 的升速率升压至试验压力的 10％ 时（超压试验时为 1.02MPa）时暂停升压，稳压 15min 进行检查。

（3）观察压力无变化，受热面无异常后，以不大于 0.3MPa/min 的升速率升压至额定工作压力 6.8MPa，停止升压，保持压力稳定 20min 后，对再热器系统进行全面检查。

（4）全面检查无异常情况且 5min 内压力下降不大于 0.25MPa 为合格，降至工作压力下水压试验结束。

（5）若需要进行超水压试验，升至工作压力后进行全面检查，确认无泄漏和异常现象后方可继续升压，升压速度应不大于 0.1MPa/min，升压至超水压试验压力 10.2MPa，并在该压力下保持 20min，检查前 5min 压力下降不大于 0.25MPa。开启疏水门以小于 0.3MPa/min 的降压速度降压。当降至工作压力时进行全面检查，并做好记录。

（6）再热器系统水压试验合格后，严密关闭再热喷水调整门、电动门、手动门，缓慢开启低再入口联箱疏水门泄压，泄压速度控制在小于 0.3MPa/min。

（7）再热器系统压力降至 0.1～0.2MPa 时，开启再热器系统各空气阀、疏水阀。

（8）若锅炉准备投入运行，且水质合格，过热器、再热器水应放尽，锅炉放水至分离器正常水位，停止放水。

（9）水压试验结束后，将水放尽，拆除再热器水压堵阀，解除安全阀防起座措施，拆除弹簧吊架的销子，恢复各安全措施。

12.锅炉水压试验的注意事项

（1）水压试验必须统一指挥，升压和降压时要得到现场指挥的许可方能进行。

（2）水压试验前、后要分别记录各膨胀指示器指示值。

（3）要有专人负责升压，严防超压。压力要以就地压力表指示为准，控制室内专人监视压力。加强联系，当压力指示差别大时，应由相关人员校核确定。

（4）压力升降要均匀平稳，严格控制升压速度。调节进水量应缓慢均匀。

（5）升压过程中或超压状态下禁止一切本体及受热面检查，在停止升压并且压力稳定后才能进行检查。

（6）升压过程中不得冲洗压力表管和取样管。

（7）在进行过热器系统水压试验过程中，应严密监视再热器压力情况，防止再热器起压、超压。

（8）应注意监视汽缸温度的变化，尤其高压缸第一级温度的变化情况。发现汽缸温度降低或上下缸温差增大时，要立即停止升压并查找原因。

（9）水压试验结束后，应拆除各临时措施，恢复系统正常，并做好记录。

（二）锅炉空气动力场试验

1.试验目的

（1）确定燃烧系统的配风均匀程度，确定旋流燃烧器一、二次风配风的均匀性，确定风烟系统风门挡板的风量特性。

（2）确定燃烧器及燃烧系统的阻力特性。

（3）确定燃烧器的流体动力特性。

（4）研究炉膛火焰充满度及炉膛结焦的空气动力场原理。

（5）研究锅炉燃烧对受热面壁温的影响、汽温偏差影响以及非正常工况燃烧的空气动力特性。

2.试验前准备工作

（1）根据试验观察及试验要求，炉膛应该铺设足够保证安全的脚手架，脚手架不应该影响炉内气流特性，应该装设足够的炉内照明，便于试验观察。

（2）试验前2h启动引风机、送风机、一次风机对炉膛进行吹扫，确保试验时炉膛内部环境不至于太恶劣，保证试验顺利进行。

（3）在试验前要对燃烧器喷口、风烟系统挡板进行全面的测量、校对，保证试验真实，能正确模拟出锅炉内部空气动力场情况。

3.试验监测内容

（1）观测炉膛气流的充满度。充满度一般用有效气流面积占整个炉膛截面积之比计算，充满度越大说明炉内涡流区域越小，炉膛利用率越高且气流在炉膛内的流动阻力也越小。

（2）观测炉内气流动态。气流是否冲刷墙壁，若冲刷，炉膛容易结焦或产生高温腐蚀；气流在炉膛断面上的分布是否均匀，若存在偏斜时，会造成偏斜一侧的温度过高，气温产生偏差，受热面超温，炉膛结焦等不正常情况的发生。

（3）观测炉内射流相互干扰情况。观察燃烧器内、外二次风以及一次风、中心风的相互干扰情况。

4. 观测方法

烟花示踪法：将烟花置于燃烧器一次风喷口内并点燃，喷出的烟花轨迹即为炉内气流的运动轨迹，通过观察、照相、摄像等方法记录烟花在一、二次风射流中的轨迹，以此直观观察和分析该燃烧器及炉膛的空气动力工况。

此外还有飘带法、纸屑法和测量法。

5. 应具备的条件

（1）试验前所有烟道、风道（包括除尘器以后至烟囱各段烟道）检修工作应完毕，引风机、送风机、一次风机、磨煤机、密封风机及其相关控制设备检修工作完毕，且烟道和风道的人孔、窥视孔及冷灰斗都应关闭严密。

（2）试验前，引风机、送风机、一次风机、磨煤机、密封风机等设备必须经试转合格。

（3）试验前应启动引风机、送风机、一次风机、磨煤机、密封风机，吹扫炉膛及烟道、风道，运行 2 h。

（4）试验所需搭设的临时试验平台经验收合格，挂牌应醒目，能满足试验要求。

（5）检查各风门挡板的实际开度与开度指示的一致性和风门挡板的严密性。

（6）试验前一、二次风的流量变送器已经校验，DCS 内部已按厂家要求完成风量的计算和修正工作。

（7）试验前应保证各试验场所的正式或临时照明充足。

（8）试验前应准备好试验用仪器仪表等材料及工具。

（9）试验前应准备好各个工作点间的联络和通信方式。

（10）安装单位应该为调试留出足够的试验时间，风量标定和一次风粉管调平安排在白天进行，以便保证人员安全和试验的准确性。

6. 试验步骤

（1）燃烧器喷口检查。在冷态情况下，检查燃烧器外观是否平整；检查油枪和高能点火枪的绝对、相对位置是否在规定范围内；检查煤粉喷口、二次风喷口是否畅通不堵，否则应清除异物保证流通面积。

（2）各风机启动前的检查。

1）各空气预热器、引风机、送风机、密封风机、一次风机安装和检修工作结束。烟风道内清理干净，烟风道内的工作人员已全部撤出。所有的人孔应封闭。

2）各风机周围的沟盖板齐全盖好，有关的临时脚手架拆除。道路畅通、照明充足。

3）各风机、电机地角螺丝齐全，固定良好。

4）各风机油箱（或轴承箱）油位正常，清晰可见，油质良好。

5）各风机出、入口门关闭，各风门、挡板的执行器连接良好。

6）各风机、电机冷却系统正常。

7）烟风系统所有的风门挡板完好，操作正常。制粉系统的所有风门挡板完好，操作正常。

（3）启动烟风系统。

1）启动 A、B 侧空气预热器。

2）启动 A、B 侧引风机。

3）启动 A、B 侧送风机。

4）启动 A、B 侧一次风机。

5）启动 A、B 任一密封风机。

（4）对炉膛和烟道进行大风量吹扫。风烟系统启动正常后，维持炉膛负压，调整送风机开度在 70% 左右，对炉膛进行大风量吹扫。吹扫时间 30min。在风机运行期间应派专人对各风机进行监护，注意监视风机振动，轴承温度的变化情况。

（5）投入风烟系统的有关表计。吹扫结束后，投入各有关的风压、风量表计。改变风机负荷，观察表计的变化情况，对不变化或变化明显有误的进行处理。

（6）二次风风量测量装置的标定。调整适当的送风量，并用风速仪对二次风进行测量，计算实测风量。用实测风量与计算机 DAS 上采集的数据进行比较，校验二次风量，如果有偏差，及时修正。

（7）一次风量及磨煤机风量测量装置的标定。调整适当的一次风量，对制粉系统风量进行标定。用实测风量与计算机 DAS 上采集的数据进行比较，校验制粉系统中的各个风量，如果有偏差，及时修正。

（8）一次风粉管冷态风速调平。测量各煤粉管道风速，要求每台磨煤机的任一粉管的风速与四根粉管平均值偏差不大于 ±5%，否则应调整安装在一次风管道上的手动缩孔，重新测量计算，直到合格为止。

7. 循环流化床锅炉的试验内容及方法

（1）一、二次风的主风道及分支风道的风量标定。

（2）空床阻力特性试验。在布风板不铺床料的情况下，启动引风机、一次风机，调整一次风量，记录水冷风室压力与炉内密相区下部床压，二者差值即为布风板阻力，根据这些数据绘制冷态一次风量与布风板阻力的关系曲线，通过温度修正，可相应得出热态一次风量与布风板阻力的关系曲线。

（3）床层阻厚度与床压的关系试验。在一定风量下，床量静止高度分别为 600、700、800mm，记录床压值，绘制料层厚度与床压的关系曲线。

（4）临界流化风量试验。临界流化风量是锅炉运行特别是低负荷运行时的最低风量值，低于此值就有结渣的可能性。

添加床料至静高 800mm，增加一次风量，初始阶段随着一次风量增加，床压逐渐增大，当风量超过一定数值时，继续增大一次风量，床压将不再增加，该风量即为临界流化风量。另外，也可用逐渐降低一次风量的方法，测出临界流化风量。选择不同的静止料层高度（600、700、800mm）测量流化风量，记录风量和床压值，绘制一次风量与床压的关系曲线。

（5）流化质量试验。在床料流化状态下，突然停止送风，进入炉内观察床料的平整程度，从而确定布风板布风的均匀性，如有严重不均，就应查明原因，采取相应的措施。

注意在加装床料时，应开启一次风机，在适当的风量下，通过加床料装置，添加床料，以保证床料在床面的均匀性分布。

（三）锅炉安全阀试验

1. 再热器安全阀校验

（1）对再热器系统及各安全阀进行全面检查，确认系统正常，各安全阀无内漏。

（2）调整机组负荷，维持再热器压力为 $4.0\sim4.5$MPa，调整液压校验装置，使安全阀达到动作定值，此时安全阀应正确动作，否则应继续调整至安全阀正确动作。

（3）降低液压加载力使安全阀回座。

（4）详细记录辅助压力及启、回座压力，进行下一个安全阀整定。

2. 过热汽安全阀校验

（1）对过热汽系统及各安全阀进行全面检查，确认系统正常，各安全阀无内漏。

（2）按照升温升压曲线，将过热器压力升至 80% 的安全阀最低整定压力，稳定机组负荷，调整液压校验装置，使安全阀达到动作定值，此时安全阀应正确动作，否则应继续调整至安全阀正确动作。

（3）降低液压加载力使安全阀回座。

（4）详细记录辅助压力及启、回座压力，进行下一个安全阀整定。

3. PCV 阀校验

（1）检查 PCV 阀进口隔离阀关闭，PCV 阀已送电。

（2）将待校验的 PCV 阀进口隔离阀开启。

（3）主汽压力约 1MPa 时，手动开启 PCV 阀进行排汽试验，然后关闭 PCV 阀。

（4）联系热工短接 PCV 阀压力信号，检查其正确动作。

（5）校验结束，联系热工人员恢复 PCV 阀压力信号，开启 PCV 阀进口隔离阀，进行下一个 PCV 阀校验。

（四）锅炉辅机连锁及保护试验

1. 通则

（1）辅机设备检修后或连锁装置检修后，为保证其可靠和准确，均应做一次鉴定性试验。

（2）试验时要求电气、热工维护人员一同参加，试验前各辅机电源开关送至试验位置。

（3）辅机静态试验是检验其保护回路是否工作正常，确有必要时才进行辅机的动态试验，并且不宜多次或反复进行。

（4）无论静态试验还是动态试验，辅机启动前应满足启动条件，在缺少任一条件的情况下不能启动，全部条件具备时应能启动。

（5）按跳闸条件进行逐一试验时，该辅机应能跳闸正常。

2. 锅炉辅机连锁试验项目

（1）辅机连锁试验项目的要求。辅机连锁试验分动态和静态两种，动态试验时操作电源及动力电源应送电，静态试验时 6kV 及以上电机只送操作电源（电源开关送至试验位置），380V 设备的操作电源和动力电源均送至工作位。

连锁试验必须在辅机试验及事故按钮试验完毕后进行，试验时应经值长同意，机组长在场，会同检修人员共同进行，试验情况应详细记录。

锅炉连锁试验合格后，严禁解除连锁保护，如需解除连锁保护时，必须经总工程师批准。在大修后或确认有必要时经总工程师同意后方可进行动态连锁试验，但必须在静态试验合格后进行。

（2）辅机连锁试验项目的内容。锅炉辅机试验一般有开关分合闸试验、事故按钮试验、风机拒动试验、静态跳闸保护试验及有关连锁试验。主要包括：

1）锅炉密封风机、火检冷却风机启动条件、跳闸条件、联动试验。

2）锅炉送风机、引风机、一次风机的油站以及引风机的冷却风机相互联动试验。

3）汽动引风机辅助设备启动闭锁条件、跳闸条件、联动试验。

4）锅炉空气预热器主、辅电机切换试验。

5）锅炉送风机、引风机、一次风机启动条件、跳闸条件、连锁试验。

6）磨煤机、给煤机启动条件、跳闸条件、连锁试验。

7）稀释风机启动条件、跳闸条件、连锁试验。

8）锅炉辅机双电源切换试验。

3. 锅炉风机开关分合闸试验、事故按钮试验、拒动试验及静态跳闸保护试验

（1）单操启动试验风机，DCS 画面状态显示由绿变红。

（2）单操停止试验风机，DCS 画面状态显示由红变绿。

（3）单操启动试验风机，按下试验风机就地紧急事故跳闸按钮，试验风机跳闸，LCD 状态显示由红色变为黄色闪光，同时发声光报警信号，在操作窗口按下"确认"按钮，DCS 画面状态显示由黄色闪光变为绿色平光。

（4）调整试验风机启动所必须条件，每次使一个启动必须条件不满足，然后启动该风机，该风机应拒动，逐条进行，直到试验全部合格。

（5）启动试验风机，联系热工短接该风机一个保护跳闸信号触点，风机应跳闸，LCD 状态显示由红色变为黄色闪光，按下"确认"按钮，LCD 状态显示由黄色闪光变为绿色平光，恢复触点重新启动风机。重复以上步骤，完成所有保护跳闸信号试验。

4. 风机润滑油站连锁试验

（1）联系热工人员解列压力连锁开关，投入油泵连锁开关。

（2）启动一台油泵。

（3）油压正常后停止油泵，备用泵自启动。

（4）以同样方法进行另一台油泵连锁试验。

资源库 27_送风机润滑油站连锁试验

（5）联系热工人员投入压力连锁开关，润滑油压降至备用泵自启

值时，备用泵应自启动。

（五）锅炉燃烧调整试验

1. 燃烧调整试验的目的

锅炉的燃烧工况在很大程度上影响着锅炉设备和整个发电厂运行的经济性和安全性。对于现代火力发电机组，锅炉热效率每提高 1%，整套机组效率将提高 0.3%～0.4%，标准煤耗率可下降 3～4g/kWh。调整燃烧工况，使燃料完全燃烧、炉膛温度场和热负荷分布均匀，是保证锅炉达到额定参数、避免结焦及设备烧损的必要条件；对于大容量高参数锅炉，更是维持炉膛受热面的正常水动力工况，保证安全可靠运行所必不可少的。

对于现代电厂锅炉，由于设备的庞大和复杂性，燃烧系统的可调参数较多，它们对整个燃烧过程以及与之有关的其他过程的影响，已经不可能只凭表面现象和直观经验做出准确的判断。因此，就需要有计划地改变某些可调参数及控制方式（即燃料供给方式及配风方式），对燃烧工况做全面的测量。将取得的结果进行科学分析，从经济性、安全性诸方面加以比较，才能确定出最佳的运行方式。这样的试验、测量和分析研究工作，即为通常所说的锅炉燃烧调整试验。

2. 燃烧调整试验的设备对象

锅炉燃烧调整试验所涉及的主要设备对象包括：

（1）炉膛及其所属的燃烧设备，如煤粉燃烧器及其设备等。

（2）燃料供给设备，如给粉机、给煤机、煤闸门等。对于带直吹式制粉系统的煤粉炉，锅炉燃烧试验的设备对象还包括制粉系统；对于带中间储仓式的制粉系统可不包括在燃烧调整的设备范围之内，只要求制粉系统供给合格的煤粉即可。

（3）空气供给系统，如风道，空气预热器，一、二次风机，喷口，分配器等，以及用外来热源加热的前置式空气预热器、暖风器，不包括送风机。

（4）锅炉烟道系统及其受热面部件，如烟气再循环系统，但不包括除尘器及引风机。

3. 按反平衡法进行试验时的基本测量项目

（1）燃料的元素分析。

（2）入炉燃料采样及工业分析。

（3）煤粉细度。

（4）飞灰和炉渣采样，及其可燃物含量的测定。

（5）排烟温度。

（6）炉膛出口（过热器后）的过量空气系数。

（7）排烟成分（O_2 或 CO_2，有时也包括 CO、H_2、CH_4）的分析。

（8）当按正平衡法进行试验时，基本测量项目还应增加：入炉燃料量、锅炉的给水流量或蒸汽流量、排污水及减温水流量、给水及蒸汽温度、蒸汽压力。

（9）当试验有其他特殊任务时，基本测量项目将随之增减。

4. 试验期间煤质及锅炉主要参数的允许波动范围

（1）收到基水分（M_{ar}）：链条炉或抛煤炉不超过±1％；煤粉炉不超过±2％。如$M_{ar}>15$％，允许偏差可适当放宽。

（2）收到基灰分（A_{ar}）：当$A_{ar}<15$％时，不超过±1％；当$A_{ar}=15$％～30％时，不超过±2％；当$A_{ar}>30$％时，不超过±3％。

（3）收到基低位发热量（$Q_{net,ar}$）：±600kJ/kg。

（4）除了特别指定煤种的试验外，一般试验期间规定的煤种应与锅炉经常使用的相同。

（5）锅炉负荷±5％，一般指锅炉蒸发量（即主蒸汽量）。

（6）汽压：高压锅炉±0.1MPa；中、低压锅炉±0.05MPa。

（7）汽温：±5℃。

（8）过量空气系数：±0.05。

5. 测量间隔时间

测验期间凡温度、压力、流量测量项目及锅炉控制盘上其他必要仪表的记录间隔不应超过15min，而其中的基本测量项目则不应超过10min。

利用连续取样分析的方法测定烟气成分时，其取样分析的间隔时间不应超过10min。使用流量孔板（经标定后的）测量蒸汽或给水流量时，记录时间不应超过5min。测验中如利用可移动的皮托管按逐点测法进行空气或烟气流量测定时，测量次数不应少于两次。

6. 试验获得的运行特性

通过锅炉燃烧调整试验，主要可取得下列运行技术经济特性：

（1）确定燃煤对燃烧设备最适宜的可调参数（如煤粉细度）。求出各该参数对燃烧经济性的影响。

（2）在不同负荷下，燃料及空气的安全合理的供给方式（如燃烧器的投停、倾角、可调缩孔的位置等）。求出过量空气系数及一、二次风风率的变化对燃烧经济性的影响。

（3）不同负荷下炉膛的工况特性，如热强度、温度场、结焦情况等。

（4）不同负荷下各级受热面前后的工质特性，如烟气温度、负压大小，受热工质（蒸汽、空气）的温度和压力特性等。

（5）不同负荷下锅炉主蒸汽及再热蒸汽参数的变化特性，如汽压、汽温及其调节特性。

（6）不同负荷下汽水系统的压降和风、烟通道的阻力特性。

（7）锅炉在不同负荷下的各项热损失及效率指标、锅炉的经济负荷范围。

（8）锅炉及其辅助设备的汽耗率、电耗率特性，以及在不同负荷下的自用电、自用热及煤耗指标。

7. 编写试验报告

为了总结经验积累资料，不断提高运行人员的操作水平，在调整试验完毕后应编写出试验技术报告。试验技术报告要力求简短明了。

（六）燃油泄漏试验

应确认系统满足以下条件：

（1）供油母管压力正常（大于 3.3MPa）。

（2）进油快关阀处于关状态。

（3）回油快关阀处于关状态。

（4）所有油枪的油角阀处于关状态（含微油）。

（5）仪表气源压力正常（大于 0.4MPa）。

（6）燃油泄漏试验未旁路。

（7）风量大于 30%。

资源库 28_燃油泄漏试验

燃油泄漏试验条件满足后，按下"燃油泄漏试验"按钮，泄漏试验开始启动。

三、　相关知识

（一）空气预热器试验

1. 空气预热器试验条件

（1）空气预热器各保护已投入正常。

（2）空气预热器辅助系统送电正常。

（3）空气预热器主、辅电机已送电。

（4）空气预热器手动转动灵活，支撑、导向轴承冷却水畅通，油站油质、油位正常，符合启动条件。

2. 空气预热器启、停试验（机组启动前做）

（1）检查空气预热器应具备启动条件。

（2）启动空气预热器辅助电机，其图标变为红色，辅助电机电流正常，就地空气预热器转动正常，无异声。

（3）停运空气预热器辅助电机，其图标变为绿色。

（4）启动空气预热器主电机，其图标变为红色，主电机电流正常，就地空气预热器转动正常，无异声。

（5）停运空气预热器主电机，其图标变为绿色。

3. 空气预热器各项试验的注意事项

（1）各项试验必须在检修工作结束，收回工作票，且各项试验条件满足时进行，不得危及人身和设备安全。

（2）空气预热器不允许反转，其主、辅电机试转找方向，只能通过单转电机进行。

（3）不得擅自解除设备保护。

（二）引风机试验

1. 引风机试验条件

（1）引风机系统各保护已投入正常。

（2）空气预热器主电机运行正常。

（3）引风机开关在试验位。

（4）引风机辅助系统电机已送电。

（5）送风机开关在试验位。

2. 引风机静态连锁跳闸试验

该试验在 A、B 级检修后，启动前做，联系热工人员配合。引风机开关在试验位，集控人员启动引风机运行，启动两台送风机运行，热工人员检查并确认同侧风机互跳连锁保护投入。热工短接下列任一信号，引风机立即跳闸，其图标变为黄色，事故声光报警，入口烟气挡板自动关闭，其图标变绿色。确认系统满足以下条件：

（1）引风机电机定子绕组温度大于 130℃。

（2）引风机电机轴承温度大于 90℃。

（3）引风机轴承温度大于 80℃。

（4）引风机轴承箱振动大于 $120\mu m$。

（5）引风机运行且出口门关延时 60s。

（6）引风机入口烟道不畅通。

（7）两台引风机运行且 A（B）送风机停机（同侧送风机跳闸）。

（8）锅炉 MFT 动作，炉膛压力小于 -1960Pa，延时 5s 保护动作。

（9）锅炉 MFT 动作，炉膛压力大于 +1960Pa，延时 5s 保护动作。

（10）两台空气预热器跳闸。

（11）电气保护动作。

（12）脱硫系统烟气通道堵塞。

试验结束，热工自行恢复相关短接信号。

（三）磨煤机试验

1. 磨煤机试验条件

（1）磨煤机各保护已投入正常。

（2）磨煤机开关在试验位。

（3）磨煤机辅助系统电机已送电。

（4）空气预热器、引风机、送风机、一次风机开关在合闸位。

（5）磨煤机油站油箱油位正常。

（6）磨煤机润滑油压大于 0.13MPa。

（7）磨煤机推力瓦温度小于 60℃。

（8）磨煤机出口风粉温度为 70～80℃。

（9）磨煤机加载油压正常（大于 2MPa）。

2. 磨煤机连锁跳闸试验

磨煤机开关在试验位，启动磨煤机运行，热工人员短接下列任一信号，磨煤机立即跳闸，其图标变为黄色，事故声光报警：

（1）磨煤机紧急停止连锁跳闸试验（紧急停止保护连锁按钮投入）。

1）手动急停磨煤机（MTR）。

2）锅炉 MFT。

3）一次风机全停。

4）磨煤机事故跳闸。

5）磨煤机运行过程中，磨煤机密封风/一次风差压低低（低Ⅱ值）（1.0kPa），延时 3s。

6）磨煤机运行过程中，磨煤机一次风风量小于 25.2km³/h（标准状态下），延时 3s。

7）磨煤机运行过程中，磨煤机出口风粉温度高于 100℃。

8）磨煤机运行过程中，磨煤机 1～4 号输粉管隔绝门有两个关到位。

9）给煤机跳闸延时 180s 后，制粉系统点火能量不满足，且相应层煤燃烧器 3/4 火检无火。

10）磨煤机电机事故跳闸。

11）润滑油泵高速电机停运，或油压低低（低Ⅱ值）（小于 0.1MPa）。

12）给煤机跳闸，延时 10min。

（2）磨煤机快速停止连锁跳闸试验（快速停止保护连锁按钮投入）。

1）磨煤机电机绕组温度大于 130℃。

2）磨煤机电机轴承温度大于 95℃。

3）磨煤机推力瓦温度大于 80℃。

4）磨煤机加载油泵停，或加载油压小于 1.5MPa。

5）磨煤机入口一次风量小于 26.12 km³/h（标准状态下），延时 3s。

6）磨煤机出口分离器温度大于 90℃。

7）磨煤机出口分离器温度小于 60℃。

（四）给煤机试验

1. 给煤机试验条件

（1）给煤机各保护已投入正常。

（2）磨煤机运行。

（3）给煤机送电。

（4）原煤斗下煤挡板关闭。

（5）给煤机就地控制柜"远方/就地"旋钮在"远方"位，无异常报警信号。

2. 给煤机连锁跳闸试验（A、B 级检修后，启动前做）

检查给煤机启动条件满足，启动给煤机运行，热工人员短接下列任一信号，给煤机立即跳闸，其图标变为黄色，事故声光报警：

（1）手动急停给煤机。

（2）锅炉 MFT。

（3）一次风机全停。

（4）磨煤机事故跳闸。

（5）磨运行过程中，磨煤机密封风/一次风差压低低（低Ⅱ值）（1.0kPa），延时 3s。

（6）磨运行过程中，磨煤机一次风风量小于 25.2 km³/h（标准状态下），延时 3s。

（7）磨运行过程中，磨煤机出口风粉温度高于 100℃。

（8）磨运行过程中，磨煤机 1～4 号输粉管隔绝门有两个关到位。

（9）给煤机跳闸延时 180s 后，制粉系统点火能量不满足，且相应层煤燃烧器 3/4 火检无火。

（10）磨煤机电机事故跳闸。

（11）润滑油泵高速电机停运或油压低低（低Ⅱ值）（小于 0.1MPa）。

（12）给煤机密封风门关闭（延时 60s）。

（13）给煤机运行过程中磨煤机跳闸。

（14）给煤机运行过程中出口闸板门关闭（延时 5s）。

（15）给煤机运行 20s 后出口堵煤（延时 5s）。

（16）给煤机运行 20s 后内部温度高（延时 5s）。

（五）送风机试验

1. 送风机静态试验条件

（1）送风机系统各保护已投入正常。

（2）送风机开关在试验位。

（3）引风机开关在试验位。

（4）送风机辅助系统电机已送电。

（5）送风机液压油站油泵、电加热控制开关在"远方"位。

2. 送风机静态连锁跳闸试验（A、B 级检修后，启动前做，联系热工人员配合）

送、引风机开关在试验位，集控人员启动两台引风机、两台送风机运行，热工人员检查，确认同侧风机互跳连锁保护投入。热工短接下列任一信号，送风机立即跳闸，其图标变为黄色，事故声光报警，出口挡板自动关闭，其图标变为绿色。

（1）送风机轴承温度大于 110℃。

（2）送风机电机绕组温度大于 130℃。

（3）送风机电机轴承温度大于 90℃。

（4）送风机轴承箱振动大于 120μm。

（5）送风机失速。

（6）送风机运行，出口挡板关。

（7）风道不畅通。

（8）锅炉 MFT 动作且炉膛压力大于＋1960Pa，延时 5s 保护动作。

（9）锅炉 MFT 动作且炉膛压力小于－1960Pa，延时 5s 保护动作。

（10）送风机控制油压小于 1.0MPa。

（11）送风机 1、2 号油泵跳闸。

（12）两台送风机运行且 A（B）引风机跳闸（同侧引风机跳闸）。

（13）引风机全停（两台引风机跳闸）。

（14）两台空气预热器跳闸。

（15）电气保护动作。

试验结束，热工自行恢复相关短接信号。

四、完成任务

严格按照任务提纲要求，掌握相关知识，完成本次任务的学习。

（1）通过本次学习，掌握锅炉水压试验原理，熟练操作锅炉水压试验。

（2）通过本次学习，掌握锅炉空气动力场试验原理，熟练操作锅炉空气动力场试验。

（3）通过本次学习，掌握锅炉锅炉安全阀试验原理，熟练操作锅炉安全阀试验。

（4）通过本次学习，掌握锅炉辅机连锁及保护试验原理，熟练操作锅炉辅机连锁及保护试验。

（5）通过本次学习，掌握锅炉燃烧调整试验原理，熟练操作锅炉燃烧调整试验。

（6）通过本次学习，掌握锅炉燃油泄漏试验原理，熟练操作锅炉燃油泄漏试验。

五、任务评价

根据工作任务的完成情况，对照评价项目和技术标准规范，逐项评价，确定技能水平和改进的要求。任务评价表见表 3-1-1。

表 3-1-1　　　　　　　　　　任 务 评 价 表

内　　容		评　　价	
学习目标	评价目标	个人评价	教师评价
知识目标	掌握锅炉水压试验原理		
	掌握锅炉空气动力场试验原理		
	掌握锅炉辅机连锁及保护试验原理		
	掌握燃油泄漏试验原理		
	掌握锅炉燃烧调整试验原理		
技能目标	熟练操作锅炉水压试验		
	熟练操作锅炉空气动力场试验		
	熟练操作锅炉辅机连锁及保护试验		
	熟练操作燃油泄漏试验		
	熟练操作锅炉燃烧调整试验		
素质目标	沟通能力		
	团队合作能力		
	方法创新能力		
	突发事件处理能力		
改进要求			

六、课后练习

（1）锅炉水压试验的目的是什么？

（2）锅炉水压试验的范围是什么？

（3）锅炉水压试验的合格标准是什么？

（4）锅炉空气动力场试验主要有哪些方法？

（5）安全阀的校验原则是什么？

（6）安全阀校验注意事项有哪些？

（7）燃油泄漏试验的试验条件有哪些？

（8）锅炉燃烧调整试验涉及的主要设备对象有哪些？

（9）锅炉燃烧调整试验主要参数的允许波动范围是什么？

工作任务二　汽轮机试验

一、任务描述

汽轮机试验主要包括检修后启动前的冷态试验及运行中各设备的启停开关试验，是集控运行人员的核心工作内容之一。每日、每周、每月定期进行和大小修后启动前进行，主要有汽轮机本体试验、汽轮机油系统试验以及主要转动设备连锁试验等。任务描述如下：

（1）阀门活动试验。

（2）汽门严密性试验。

（3）辅机连锁试验。

（4）润滑油系统试验。

（5）汽轮机超速保护试验。

（6）汽轮机真空严密性试验。

（7）机组大连锁试验。

二、任务分析

汽轮机设备的相关试验要求掌握影响汽轮机试验的因素，熟练掌握汽轮机各试验项目的操作步骤，做好安全预控措施，严格按照程序，逐项完成。下面分别介绍各试验项目。

（一）阀门活动试验（参照 660MW 超超临界机组）

1. 主汽阀、调节阀活动试验条件

（1）所有主汽阀全开。

（2）所有调节阀的伺服卡件无故障。

（3）机组负荷稳定在 330～490MW。

（4）DEH 控制方式为自动控制方式。

（5）机组未在 CCS 控制方式。

2. 主汽阀松动试验步骤

主汽阀的试验装置是电气连锁的，因此，不可能同时试验关闭两个主汽阀。

（1）在操作员站上进入"阀门活动试验"画面，点击"MSV1 松动试验开关"按钮。

（2）注意观察主汽阀从全开位置开始关闭时，红灯和绿灯都不亮的现象。

（3）当全开灯（红灯）熄灭，阀门到达 85％左右位置时，松动试验即可自动停止。

（4）当全开灯（红灯）单独亮时，表明 1 号高压主汽阀处于完全打开的位置。

（5）2 号高压主汽阀可通过同样的顺序操作来试验。

3. 主汽阀全行程活动试验步骤

（1）检查并确认两个主汽阀处于全开位置。

（2）在操作员站上进入"阀门活动试验"画面，点击"试验开关"按钮，在弹出的操作窗口中，选择"试验"，然后选择"左侧高压主汽阀（MSV1）"，选择"投入（ON）"，左侧高压主汽阀（MSV1）开始试验，左侧高压主汽阀（MSV1）的试验电磁阀（11YV）带电。

（3）观察阀门的实际移动，确认左侧高压主汽阀（MSV1）开始关闭。

（4）当阀门到达10％开启位置时，左侧高压主汽阀（MSV1）快关电磁阀（10YV）通电，左侧高压主汽阀（MSV1）被迅速关闭，试验画面上左侧高压主汽阀（MSV1）全关信号亮、全开信号灭。

（5）左侧高压主汽阀（MSV1）全关到零后，左侧高压主汽阀（MSV1）的试验电磁阀（10YV）、快关电磁阀（11YV）失电，左侧高压主汽阀（MSV1）开始开启到全开。试验完毕。

（6）左侧高压主汽阀（MSV1）活动试验完毕后，开始进行右侧高压主汽阀（MSV2）活动试验。

（7）在操作员站上进入"阀门活动试验"画面，点击"试验开关"按钮，在弹出的操作窗口中，选择"试验"，然后选择"右侧高压主汽阀（MSV2）"，选择"投入（ON）"右侧高压主汽阀（MSV2）开始试验。

（8）观察阀门的实际移动，确认右侧高压主汽阀（MSV2）以每秒10％的速度关闭。

（9）当阀门到达10％开启位置时，右侧高压主汽阀（MSV2）快关电磁阀（9YV）通电，右侧高压主汽阀（MSV2）被迅速关闭，DCS画面上右侧高压主汽阀（MSV2）开度指示为零。

（10）右侧高压主汽阀（MSV2）全关到零后，右侧高压主汽阀（MSV2）快关电磁阀（9YV）失电，右侧高压主汽阀（MSV2）以每秒10％由全关到全开。试验完毕。

4. 汽阀活动试验注意事项

（1）不允许两侧调节阀或主汽阀同时做活动试验（逻辑上做闭锁）。

（2）注意主汽压力及温度维持稳定。

（3）如在试验过程中想要中止试验，将所选做试验的阀门试验按钮置为切除即可，阀门将恢复到试验前位置。

（二）阀门严密性试验

1. 阀门严密性试验条件

（1）锅炉燃烧稳定，汽轮机定速暖机结束，维持3000r/min运行。

（2）汽轮机打闸（就地、主控）试验合格，ETS通道试验合格。

（3）汽轮机润滑油系统运行正常，润滑油、顶轴油系统连锁保护试验合格。

（4）汽轮机本体监视画面、TSI监视画面无异常。

（5）主蒸汽压力维持在50％额定主汽压力以上，主蒸汽温度至少有80℃过热度，再热蒸汽压力维持 1.0MPa，再热蒸汽温度至少有 80℃过热度，高低压旁路运行正常，控制方式为自动。

（6）DEH 在自动方式。

（7）发电机未并网。

2. 主汽门严密性试验步骤

（1）启动交流润滑油泵、启动油泵。

（2）在操作员站的"阀门严密性试验"画面中，按"主汽门试验"按钮，将其置为"投入"，此时高、中压主汽门应快速关闭，严密性试验开始计时，监视转速下降情况及惰走时间。

（3）DEH 根据有关参数计算出"可接受转速"，即（主汽压力/额定主汽压力）×1000r/min，在该画面上有转速趋势图，记录转子惰走时间，根据汽轮机是否到达可接受转速，判定阀门严密性是否合格。

（4）试验中注意各轴承的振动及温升情况。

（5）汽轮机转速降至可接受转速或转速不能降至可接受转速，主汽门严密性试验结束。

（6）严密性试验结束后，汽轮机必须打闸后重新挂闸，恢复 3000r/min。

3. 调节阀严密性试验步骤

（1）在操作员站的"阀门严密性试验"画面中，按"调节阀试验"按钮，将其置为"投入"，此时高、中压调节阀应快速关闭，严密性试验开始计时，监视转速下降情况及惰走时间。

（2）DEH 根据有关参数计算出"可接受转速"，即（主汽压力/额定主汽压力）×1000r/min，在该画面上有转速趋势图，记录转子惰走时间，根据汽轮机是否到达可接受转速，判定阀门严密性是否合格。

（3）试验中注意各轴承的振动及温升情况。

（4）汽轮机转速降至可接受转速或转速不能降至可接受转速，调节阀严密性试验结束。

（5）严密性试验结束后，汽轮机必须打闸后重新挂闸，恢复 3000r/min。

（三）辅机连锁试验

1. 通则

（1）辅机设备检修后或连锁装置检修后，为保证其可靠和准确，均应做一次鉴定性试验。

（2）试验时要求电气、热工维护人员一同参加，试验前各辅机电源开关应送至试验位置。

（3）辅机静态试验的目的是检验其保护回路工作是否正常，动态试验在确有必要时才进行，并且不宜多次或反复进行。

2. 试验的原则性要求

（1）无论静态试验还是动态试验，辅机启动前应满足启动条件，缺少任一条件的情况下不能启动。

（2）按跳闸条件进行逐一试验时，该辅机应能正常跳闸。

3. 连锁试验项目

运行人员要在热工人员配合下进行各程序启停的静态模拟试验（部分 380V 电机无试验位置，可送动力电源进行试验），主要包括：

（1）循环水泵、真空泵、开式冷却水泵、闭式冷却水泵的启动条件、跳闸、联动试验。

（2）凝结水泵启动条件、跳闸、联动试验。

（3）电动给水泵启动闭锁、跳闸、联动试验。

（4）密封油泵、定子冷却水泵连锁试验。

（5）高压加热器保护静态试验，低压加热器保护试验。

（6）辅机双电源切换试验。

（四）润滑油系统试验

1. 主油箱油位计试验

（1）联系汽机维护人员移开油箱油位计的上盖，用一个钩子机械带动浮动杆。

（2）手动提升浮动杆到达上止点。

（3）操作员站的润滑油箱油位高位报警动作。

（4）手动压下浮动杆直到下止点。

（5）操作员站的润滑油箱油位低位报警动作。

（6）试验完毕，汽轮机维护人员恢复油箱油位计的上盖。

2. 主机润滑油泵自启动试验

（1）主机润滑油泵自启动条件：三台油泵（辅助油泵、事故油泵和启动油泵）处于自动备用状态。

（2）主机润滑油泵自启动试验步骤如下：

1）确认润滑油系统工作正常，按下辅助油泵的"TEST"按钮，试验电磁阀带电打开。

2）检查并确认辅助油泵联启，运转良好。

3）试验电磁阀自动断电，此时辅助油泵不会自动停止。

4）通过按"STOP"按钮，停止辅助油泵，确认 AUTO/MANUAL 模式置于"AUTO"。

5）按下事故油泵"TEST"按钮，试验电磁阀带电打开。

6）检查并确认事故油泵联启，运转良好。

7）试验电磁阀自动断电，此时事故油泵不会自动停止。

8）按"STOP"按钮，停止事故油泵，并确认 AUTO/MANUAL 模式处于"AUTO"。

9）按下启动油泵"TEST"按钮，试验电磁阀带电打开。

10）检查并确认启动油泵联启，运转良好。

11）试验电磁阀自动断电，此时启动油泵不会自动停止。

12）按"STOP"按钮，停止启动油泵，并确认 AUTO/MANUAL 模式处于"AUTO"。

（3）主机润滑油泵自启动试验注意事项如下：

1）每个被试验过的油泵停运后要投入备用。

2）所有油泵启动试验阀都处于关闭状态。

3）试验时单独启停启动油泵、交流润滑油泵和事故油泵，以确定每个油泵工作良好。

4）油泵试验时，应检查电机的振动、温度情况。停运后要观察油泵的联轴器，以确保泵停止。

5）所有油泵都应远方遥控停止。

（五）汽轮机超速保护试验

1. 超速试验条件

（1）汽轮机安装完毕首次启动。

（2）汽轮机经大修后首次启动。

（3）危急遮断器经过解体复装后。

（4）在前箱内做过任何影响危急遮断器动作转速整定的检修工作以后。

（5）停机一个月以上再次启动。

（6）甩负荷试验前。

（7）机组运行中曾出现危急遮断器动作不正常。

2. 超速试验前的准备

（1）试验前校对就地与远方转速，并备有便携式测振表，升速过程中，加强联系。机头手动打闸及集控室的停机按钮处设专人负责，以备在紧急情况下立即打闸停机。

（2）检查并确认润滑油温为 40～45℃。

（3）汽轮机启动带 25％以上负荷暖机 3～4h，按照正常停机程序汽轮机减负荷。

（4）试验前启动交流润滑油泵，试验期间维持交流润滑油泵运行。

（5）启动油泵（MSP），检查运转正常。

（6）高、低压旁路在自动位置。

（7）发电机解列，转速稳定在 3000r/min。

（8）确认汽轮机高中压主汽阀、调节阀严密性试验合格。

（9）确认汽轮机集控及就地停机试验正常。

（10）确认喷油试验动作结果正常。

（11）确认汽轮机 TSI 各监视参数正常。

（12）主汽压力稳定在 50％额定压力以下。

3. DEH 电气超速试验步骤

（1）在操作员站上进入"超速试验"画面，将"试验开关"置为"投入"位，按

"电超速试验"按钮，将其置为"试验"位。

（2）在"超速试验"画面中按"目标转速"按钮，设定目标转速值为3310r/min。

（3）在"超速试验"画面中按"升速率"按钮，升速率为每分钟300r/min。

（4）在"超速试验"画面中按"进行/保持"按钮，将其置为"进行"，机组开始升速。若再次按"进行/保持"按钮，将其置为"保持"，可暂停升速。

（5）机组由3000r/min开始以每分钟300r/min的升速率升速到108％额定转速后，升速率自动变为每分钟100r/min进行其后的升速。

（6）机组转速到达3300r/min时将跳闸。DEH记录跳闸转速值，并显示在操作员站画面上。

（7）试验完毕后，按"试验开关"按钮，将其置为"切除"位置。

4. 机械超速试验步骤

（1）在操作员站上进入"超速试验"画面，将"试验开关"置为"投入"位，按"机械超速试验"按钮，将其置为"试验"位。

（2）在"超速试验"画面中按"目标转速"按钮，设定目标转速值为3310r/min。

（3）在"超速试验"画面中按"升速率"按钮，升速率为每分钟300r/min。

（4）在"超速试验"画面中按"进行/保持"按钮，将其置为"进行"，机组开始升速。若再次按"进行/保持"按钮，将其置为"保持"，可暂停升速。

（5）机组由3000r/min开始以每分钟300r/min的升速率升速到108％额定转速后，升速率自动变为每分钟100r/min进行其后的升速。

（6）机组由3000r/min开始以设定的升速率升速到飞环动作转速，使汽轮机跳闸。DEH记录跳闸转速值，并显示在操作员站画面上。若机组转速达到3330r/min时，飞环仍未动作，则表明机械跳闸失败，应立即手动打闸（在此转速下电超速后备保护可能动作）。

（7）试验完毕后，按"试验开关"按钮，将其置为"切除"位置。

5. 超速试验注意事项

（1）超速试验，应在同一情况下进行两次，两次动作转速差不应超过18r/min，机组大修后的机械超速试验应做三次，前两次动作转速差不应超过18r/min，第三次和前两次平均数之差不超过30r/min。

（2）机械超速试验动作转速，应在110％～111％额定转速范围内。

（3）当机组初次投运或大修后投运时，在进行超速试验之前，为了确保危急遮断系统性能可靠，在额定转速时，先做喷油试验。

（4）危急遮断器的任何零件进行过拆卸或调整，则应检查遮断器的实际超速动作值并进行标定，然后做遮断器的喷油试验，再做超速试验。

（5）如果定期的超速试验已经做过并且危急遮断器没有进行过拆卸或调整，做超速试验前，不再做喷油试验，因为遮断器的初次动作会引起超速动作转速出现少量的下降值，而不是精确地反映危急遮断器本身值。

（6）试验时，必须有运行人员就地密切监视现场转速及遮断器动作情况。就地与集控室加强联系，一旦达到停机条件而保护未动作，应立即打闸停机。

（7）试验时维持参数稳定，防止汽温、汽压波动。

（8）严密监视机组振动、轴承温度、回油温度、窜轴、胀差、膨胀、金属温度的变化。

（9）试验时机组两侧不要站人。

(六) 汽轮机真空严密性试验

1. 真空严密性试验条件

机组负荷稳定在80%额定值以上。

2. 真空严密性试验方法

（1）确认机组负荷在80%额定值以上并且运行稳定。

（2）检查机组真空正常。

（3）停止全部真空泵运行，观察真空下降速度不应超过2.5kPa/min，否则应立即终止试验。

（4）真空泵停运半分钟后开始记录真空的变化，每分钟记录一次真空值，记录8min，8min后启动真空泵，检查真空恢复正常。

3. 注意事项

在试验期间，应注意真空的变化，试验时，若凝汽器真空降至88kPa，应立即停止试验，恢复原工况运行。计算后5min内的真空下降平均值。

4. 真空严密性评价标准

（1）真空下降率0.27kPa/min为合格。

（2）真空下降率大于0.67kPa/min，应停机查找原因，消除故障。

(七) 机组大连锁试验（参照660MW超超临界机组）

1. 机组（机炉电）大连锁试验条件

（1）机组安装后首次启动。

（2）机组A、B级检修后启动。

（3）大连锁回路有检修工作。

2. 机组大连锁试验具备的条件

（1）机、炉、电检修工作票已结束。

（2）机、炉、电各辅机及分部试验已完成。

（3）试验时由热控人员组织，运行人员配合。

（4）锅炉设备状态。

1）确认两台空气预热器已送电。

2）将电动引风机、两台送风机、两台一次风机、两台密封风机、六台磨煤机电机开关送至试验位。

3）检查风烟系统有关风烟挡板送电，投入各辅机油站运行。

（5）汽轮机润滑油系统、抗燃油系统、高低压旁路系统已投入。

3. 试验步骤

（1）锅炉操作。

1）启动火检冷却风机、空气预热器运行，送风机、电动引风机试验位置合闸。

2）两台一次风机在试验位置合闸；启动一台密封风机。

3）在试验位置合闸 A～F 磨煤机，热工强制启动 A～F 给煤机空转。

4）开启燃油快关阀、回油快关阀，任选 1 或 2 支油枪油角阀将其开启，手动门关闭。

5）开启主给水电动门、减温水电动门。

（2）汽轮机操作。

1）汽轮机启动润滑油系统及抗燃油系统并调整好油压。

2）由热工模拟凝汽器真空正常，模拟发电机定子冷却水流量正常。

3）挂闸，开启自动主汽门；开各抽汽止回阀和抽汽电动门、高排止回阀，开供热抽汽快关阀和止回阀、供热蝶阀；关闭高、中、低压缸疏水，并投入自动。

4）电动给水泵及前置泵在试验位置合闸；给水泵汽轮机挂闸，开启快关阀。

5）高低压旁路投入自动。

（3）电气操作。

1）厂用 6kV 母线工作电源进线开关送至试验位置。

2）发变组主开关在断开位，开关出口至南母、北母隔离开关断开，隔离开关操作电源断开。

3）停用发电机双套启动失灵保护连接片，检查并确保发变组保护屏保护连接片按规定投入正确，发电机保护屏状态无异常报警信号。

4）退出快切装置。

5）合上发变组主开关操作电源，检查发变组主开关及保护无报警或跳闸信号。

6）热工强制满足发变组主开关合闸条件。

7）确认启励电源在断开位置，合上发电机灭磁开关，申请调度，合上发变组主开关。

8）热工强制满足工作电源开关合闸条件，合上 6kV 母线工作电源进线开关。

（4）锅炉 MFT 动作跳汽轮机、发电机。

1）将"机炉电大连锁"投入，锅炉手动 MFT，两台一次风机跳闸，制粉系统全部跳闸，锅炉燃油系统进、回油快关阀关闭，主给水电动门、减温水电动门联关，发报警光字牌。

2）查汽轮机跳闸，主、调速汽门关闭，汽轮机高排止回阀、各抽汽止回阀、抽汽电动门、供热抽汽快关阀和止回阀、供热蝶阀关闭；电动给水泵、汽动给水泵汽轮机跳闸；高、中、低压缸疏水联开。

3）发电机程控跳逆功率动作跳闸，检查发变组主开关、灭磁开关、6kV 母线工作电源进线开关跳闸，发光字牌报警。

（5）汽轮机联跳锅炉、发电机。

1）重复上述操作，汽轮机重新挂闸（分别由热工给定锅炉负荷大于30％额定负荷及小于30％额定负荷信号）。

2）联系热工人员短接汽轮机保护或手动按下停机按钮，查汽轮机跳闸，主、调速汽门关闭，汽轮机高排止回阀、各抽汽止回阀、抽汽电动门、供热抽汽快关阀和止回阀、供热蝶阀关闭；电动给水泵、汽动给水泵汽轮机跳闸；高、中、低压缸疏水联开。

3）当锅炉负荷大于30％额定负荷时，锅炉连锁跳闸，MFT动作，发报警信号；当锅炉负荷小于30％额定负荷，锅炉MFT不动作。

4）电机程控跳逆功率动作跳闸，检查发变组主开关、灭磁开关、6kV母线工作电源进线开关跳闸，发光字牌报警。

（6）发电机联跳汽轮机、锅炉。

1）重复上述操作，汽轮机重新挂闸，（分别由热工给定锅炉负荷大于30％额定负荷及小于30％额定负荷信号）。

2）停运机组两台定子冷却水泵运行或强制发变组保护动作，发变组主开关、灭磁开关、6kV母线工作电源进线开关跳闸，发光字牌报警。

3）汽轮机联跳，主、调速汽门关闭，汽轮机高排止回阀、各抽汽止回阀、抽汽电动门、供热抽汽快关阀和止回阀、供热蝶阀关闭；电动给水泵、汽动给水泵汽轮机跳闸；高、中、低压缸疏水联开；跳闸原因为发电机跳闸；当锅炉负荷大于30％额定负荷时，锅炉连锁跳闸，MFT动作，发报警信号；当锅炉负荷小于30％额定负荷时，锅炉MFT不动作。

三、相关知识

（一）汽轮机的保安系统

本系统主要由危急遮断系统（ETS）和安全监视系统（TSI）组成，实现汽轮机在各种危险工况下可靠停机，保障机组的安全。系统设有下面几种遮断方式。

1. 机械超速遮断

保护定值为110％～111％额定转速（3300～3330r/min），机组跳闸。其动作原理为：汽轮机转速达到110％～111％额定转速时，偏心飞环式机械危急遮断器动作，通过机械遮断阀泄去安全油，关闭高中压主汽阀和调节阀，连锁开启通风阀，连锁关闭高排止回阀、各级抽汽止回阀、抽汽电动门而停机。飞环的复位转速大于101％额定转速，并设有在线试验装置。

资源库 29_机械超速遮断

2. 手动遮断

由运行人员根据需要，就地手动操作机械遮断装置，通过遮断隔离阀组泄掉安全油，遮断汽轮机。

3. 电磁遮断

汽轮机的各种电气停机信号直接送至高压遮断电磁阀（AST）和机械遮断电磁阀（3YV），泄去安全油，关闭汽轮机各进汽阀。另外，为保障汽轮机的可靠停机，各电气停机信号同时送至各进汽阀上的遮断电磁阀，直接泄掉各进汽阀的安全油，关闭所有进汽阀。

（二）抽汽止回阀试验

1. 抽汽止回阀试验条件

（1）机组运行正常。

（2）各加热器投入，疏水调节器工作正常。

2. 抽汽止回阀试验步骤

（1）确认仪用压缩空气压力正常。

（2）就地手操逆止阀的试验手柄。

（3）检查并确认抽汽止回阀被部分关闭。

（4）松开逆止阀的试验手柄，使试验阀复位。

（5）检查并确认抽汽止回阀已返回完全打开的位置。

（6）对每一个由动力操作的抽汽系统中的止回阀重复以上过程，直到全部试验完为止。

3. 抽汽止回阀试验注意事项

（1）高排及四抽汽止回阀不进行活动试验。

（2）试验时注意机组主汽压力变化和加热器水位变化。

（3）试验时应做好高、低加突然解列的事故预想。

四、 完成任务

严格按照任务提纲要求，掌握相关知识，完成本次任务的学习。

（1）通过本次学习，掌握阀门活动试验条件，熟练操作阀门活动试验。

（2）通过本次学习，掌握汽门严密性试验条件，熟练操作汽门严密性试验。

（3）通过本次学习，掌握超速保护试验的必要性，熟练操作汽轮机超速保护试验。

（4）通过本次学习，掌握真空严密性试验标准，熟练操作汽轮机真空严密性试验。

（5）通过本次学习，掌握机组大连锁试验条件，熟练操作机组大连锁试验。

五、 任务评价

根据工作任务的完成情况，对照评价项目和技术标准规范，逐项评价，确定技能水平和改进的要求。任务评价表见表3-2-1。

表3-2-1　　　　　　　　任　务　评　价　表

内　　容		评　　价	
学习目标	评价目标	个人评价	教师评价
知识目标	掌握阀门活动试验条件		
	掌握汽门严密性试验条件		
	掌握汽轮机超速保护试验的必要性		

续表

内　　容		评　　价	
学习目标	评价目标	个人评价	教师评价
知识目标	掌握汽轮机真空严密性试验的标准		
	机组大连锁试验的动作逻辑关系		
技能目标	熟练操作阀门活动试验		
	熟练操作汽门严密性试验		
	熟练操作汽轮机超速保护试验		
	熟练操作汽轮机真空严密性试验		
	熟练操作机组大连锁试验		
素质目标	沟通能力		
	团队合作能力		
	方法创新能力		
	突发事件处理能力		
改进要求			

六、 课后练习

（1）阀门活动试验条件是什么？

（2）汽门严密性试验条件是什么？

（3）什么情况下应该做汽轮机超速保护试验？

（4）真空严密性评价标准是什么？

（5）危急遮断通道试验条件是什么？

工作任务三　电　气　试　验

一、 任务描述

发电厂中包括发电机、变压器、电动机、电缆、开关等众多的电气设备。对于新安装和大修后的电气设备，为判定其有无安装或制造方面的质量问题，以确定新安装或运行中的电气设备是否能够正常投入运行，而对电气系统中各电气设备单体的绝缘性能、电气特性及机械性等，按照标准、规程、规范中的有关规定逐项进行试验和验证。通过这些试验和验证，可以及时发现并排除电气设备在制造时和安装时的缺陷、错误和质量问题，确保电气系统和电气设备能够正常投入运行。任务描述如下：

（1）能配合检修人员进行定子绕组的绝缘电阻和吸收比测量。

（2）能配合检修人员进行转子交流阻抗测量。

（3）能配合检修人员进行发电机空载试验、发电机三相稳态短路特性试验。

（4）能配合检修人员进行发电机组进相运行试验。

（5）能配合检修人员进行发电机假同期试验。

（6）能配合检修人员进行励磁调节器特性试验。

（7）能配合检修人员进行发电机整体气密性试验。

（8）能进行 UPS 装置电源切换试验。

（9）能进行柴油发电机组带负荷试验等。

二、任务分析

电气设备的相关试验要求掌握影响电气试验的因素，熟练掌握电气专业各试验项目的操作步骤，做好安全预控措施，严格按照程序逐项完成。具体试验项目有下面几个。

（一）定子绕组的绝缘电阻和吸收比测量

1. 试验时间

发变组在检修后启动前。

2. 试验目的

测量发电机定子绕组绝缘电阻的目的是检查发电机定子绕组绝缘情况，确定发电机定子绕组绝缘是是否严重受潮、脏污和是否存在贯穿性的绝缘缺陷。

3. 试验步骤

（1）断开发电机的电源，拆除或断开对外的一切连线，将发电机接地充分放电（5min）。放电时应用绝缘棒等工具进行，不得用手碰触放电导线。

（2）在发电机测绝缘前，应联系热工人员将有关仪表、测点等一次侧可靠接地，测量结束后应及时恢复原状。

（3）驱动绝缘电阻表达额定转速，或接通绝缘电阻表电源，待指针稳定后（或60s），读取绝缘电阻值。

（4）测量吸收比时，先驱动绝缘电阻表至额定转速，待指针指"∞"时，用绝缘工具将高压端立即接至发电机上，同时记录时间，分别读出 15s 和 60s（或 1min 和 10min）时的绝缘电阻值。

（5）读取绝缘电阻后，先断开接至被试品高压端的连接线，然后将绝缘电阻表停止运转。测试大容量设备时更要注意，以免发电机的电容在测量时所充的电荷经绝缘电阻表放电而使绝缘电阻表损坏。

（6）断开绝缘电阻表后对发电机短接放电并接地。

（7）测量时应记录被测设备的温度、湿度、气象情况、试验日期及使用的仪表等。

4. 发电机绝缘测试结果判断

（1）发电机定子线圈绝缘应使用水内冷发电机定子绝缘测试仪测量，在温度为 t 时，定子绕组绝缘电阻测量值应不低于按下式计算出的数值，即

$$R_t = 3 \times 1.6^{\frac{100 \times (-t)}{10}} (\mathrm{M}\Omega)$$

式中：t 为测量绝缘时定子绕组的温度，℃。

（2）吸收比 $R_{60s}/R_{15s} > 1.3$。

（3）发电机转子绕组在冷状态（20℃）下，使用 500V 绝缘电阻表测量，其对地绝

缘电阻均不应低于 1MΩ。

（4）发电机轴承、油管的座垫用 1000V 绝缘电阻表测量，其对地绝缘电阻不应低于 1MΩ。

（5）硅整流及晶闸管装置不允许用绝缘电阻表测量相间绝缘。

（二）发电机空载试验

1. 试验时间

发变组在检修后启动前。

2. 试验目的

空载特性是发电机的一个基本特性，空载特性试验是发电机在空载和额定转速情况下，测得定子电压与转子电流关系的试验，其目的如下：

（1）测定发电机的有关特性参数，如电压变化率、纵轴同步电抗、短路比、负载特性等。

（2）利用三相电压表读数，判断三相电压的对称性。

（3）判断转子绕组有无匝间短路。

（4）判断定子铁芯有无局部短路。

3. 试验条件

（1）发电机本体检修完毕，具备整套启动条件。

（2）发电机氢系统、内冷水系统、氢干燥系统均处于完好状态，满足正常运行要求。

（3）发电机励磁系统具备启机条件。

（4）所有电气预防性试验合格，一、二次设备具备正常投入条件，继电保护、测量仪表调试完毕。

4. 试验步骤

（1）主变压器高压侧开关及隔离开关均断开。

（2）将发电机试验电源开关恢复备用后合闸。

（3）励磁调节器为手动调节，并置于输出最小位置。

（4）投入发变组所有相关保护，发电机取电压量相关保护暂不投入。

（5）按规程启动发电机并维持额定转速，合上灭磁开关。

（6）手动调节励磁使发电机电压升至额定电压的 30%，检查发电机出口 TV 及厂用分支工作进线 TV 二次电压值正常；再继续升压至额定电压，检查上述各组 TV 二次电压相序、值正确。

（7）检查发电机取电压量相关保护的电压值采样正确后投入保护。

（8）单方向调节励磁调节器，使定子电压升高至 1.1 倍额定电压值，记录定子电压、转子电流、电压数据（转子电压非必测数据，仅供参考）。

（9）如果空载试验与层间耐压试验一起进行，则可以升到 1.3 倍的额定电压，并在此电压下停留 5min。

（10）单方向调节励磁调节器，使定子电压逐步降低，分别记录 9～11 组定子电压、转子电流数据，同时检查盘表。实测数据与制造厂（或以前测得的）数据比较，应在测量误差的范围以内。

（10）断开灭磁开关。

（三）发电机三相稳态短路特性试验

1．试验时间

发变组在检修后启动前。

2．试验目的

根据试验测得的数据绘制短路特性曲线，与以前测得的进行比较，差值应在测量误差范围内。

（1）检查定子三相电流的对称性。

（2）结合空载特性试验可以求得发电机参数和主要特性。

（3）可以检查转子是否有匝间短路，特别是检查与转速有关的不稳定匝间短路。

3．试验条件

（1）发电机及其附属系统的一次设备已具备投运条件。

（2）断开励磁变压器高压侧引线，做好安全措施并保持足够的绝缘距离。从高压厂用电的备用间隔引一路电源接至励磁变压器高压侧作为发电机试验电源。

（3）励磁调节器检修工作结束，具备投运条件。

（4）机、炉、电联动试验完毕，机炉满足电气试验要求。

（5）用于发电机短路试验的仪器和接线已准备好。

（6）准备好绝缘靴、绝缘手套、绝缘垫、接地线等安全防护用具。

4．试验步骤

（1）发电机出口母排处，用铝或铜排将定子三相绕组短接，检查并确认发电机中性点接地开关在合位，退出强行励磁。

（2）检查并确认发电机出口及中性点 TV 一、二次熔断器完好并投入运行。

（3）汽轮机转速保持 3000r/min。

（4）检查并确认投入发电机转子接地、定子对称过负荷、发电机复压过电流、发电机过电压、励磁绕组过负荷、励磁系统故障保护的连接片，所有保护出口仅投跳灭磁开关。检查并确认主变非电量保护及复压过电流保护等保护已投入，保护出口仅跳发电机灭磁开关。检查并确认高厂变非电量保护及电量保护全套投入，保护出口仅跳发电机灭磁开关。

（5）检查并确认灭磁开关在断开位置，AVR 系统具备起励条件。

（6）励磁方式为"手动"，合灭磁开关，在就地由试验人员操作"励磁投入"，盘前人员监视机组起励状况以及发电机定子电流。

（7）手动增加励磁，缓慢增加励磁电流将发电机定子电流加到 5％额定值时，对发电机保护装置的电流、发电机的短路点、发电机励磁功率柜和励磁功率灭磁柜进行检查。检查发电机各 TA 二次电流回路应无开路，三相电流数值、相位正确。初步检查励磁系统应正常。

（8）升发电机电流到 20％额定电流，检查发电机三相定子电流是否平衡。

（9）升发电机电流到 50％额定电流，检查发电机差动、发电机对称过负荷、发电机不对称过负荷、发电机复压过流、励磁绕组过负荷等保护电流采样应正确，保护运行正常。检查完毕后，投入检查正确的差动保护。

（10）增加励磁电流，将发电机定子电流加到额定值。如果发电机励磁电流加到额定值时，即使发电机定子电流不到额定值，励磁电流也不允许再增加。

（11）缓慢减磁，将励磁电流降至零，观察发电机定子电流是否同步降至零。

（12）将励磁电流和定子三相短路电流取 5 点绘制曲线。绘制发电机三相短路特性曲线，与制造厂出厂试验曲线进行比较，误差应在允许范围以内。

（13）发电机转速降到零时，在发电机出口安装一组短路接地线，拆除发电机出口短路母排，恢复发电机出口母排。

（14）拆除励磁变压器高压侧的临时电缆，恢复励磁变压器高压侧电缆。

（15）拆除发电机出口短路接地线。

（16）投入发电机保护柜各保护。

5．试验结果分析

（1）根据试验数据绘制短路特性曲线，该曲线应是通过坐标原点的一条直线。

（2）将试验所绘制的曲线与出厂数据或历年数据比较，若曲线有明显降低，则说明转子绕组可能有匝间短路或励磁回路有故障。

（四）发电机组进相运行试验

1．试验时间

调度部门下令执行。

2．试验目的

在不破坏机组静态稳定性的前提下，确定机组的调压能力。

3．试验条件

（1）机组自带厂用电时能满负荷运行，可在正常运行范围内平稳调整有功功率。

（2）机组正常满负荷运行时，主变压器高压侧母线电压、高/低压厂用母线电压在合理范围内。否则，在试验前应将主变压器及厂用变压器分接头调到合适位置。

（3）机组电气量、非电气量等状态量的指示均应完整、准确。如定子端部铁芯和金属结构件的温度测点不完整，试验前应按规定埋设。

（4）发电机冷却系统运行正常。

（5）自动发电控制（AGC）等调节发电机有功功率的功能组件退出运行。

（6）自动电压控制（AVC）退出，励磁调节器以外的其他影响发电机无功功率调整的功能组件及限制环节应退出或取消，无功功率能平滑调节。

（7）励磁调节器性能指标满足标准要求，低励限制功能完好；调节器低励跳闸功能退出，其他调节、限制、保护功能正常投入；励磁建模及 PSS 试验已完成。

（8）同厂陪试机组励磁调节器应运行在自动方式，其 AVC 应退出。试验时监视并调整陪试机组无功功率稳定，防止抢发无功。

（9）发电机变压器组保护运行正常。影响进相试验的限制条件退出。

（10）涉网安全稳定措施已按调度批复方案执行，由调度安排试验所需的运行工况。

4. 试验步骤

（1）将失磁保护改投信号位置，低励限制改临时定值。

（2）调整好试验机组的功率，保持机组有功功率为某一指定试验工况。调节无功功率使试验发电机定子电压维持在较高水平，但不超过 1.05 倍额定电压，以抬高电厂侧发电厂高压母线电压水平。

（3）试验机组在某有功功率下维持不变，厂用电由高压厂用变压器自带，自动励磁调节器投入。

（4）调节励磁电流，逐步降低励磁，使机组无功功率下降，在 $Q=+60\text{Mvar}$ 附近开始记录初始运行参数，在功率因数到 1 前记录三四个工况数据；在 $Q=0\text{Mvar}$ 时，记录运行参数，以后每当无功功率下降 2 万 kvar 左右记录一次运行参数，每点稳定 $5\sim10\text{min}$。

（5）继续以缓慢速度调节励磁电流，读取各点数据，直至达到试验限制条件为止。发电机在最后一个工况点运行 30min，以观察发电机的温升情况。

（6）手动条件励磁将机组恢复至迟相运行状态，该有功功率工况下的进相试验完成。申请调度同意后进行下一个有功功率工况下的试验。

（五）发电机假同期试验

1. 试验时间

发变组并网前。

2. 试验目的

检查发电机的自动准同期装置的可靠性，检查同期回路相序接线的正确性。

3. 试验条件

（1）发电机出口断路器在试验位置。

（2）发电机隔离开关拉开，但其辅助触点要短接。

（3）汽轮机稳定在 3000r/min 运行，发电机电压升至额定值。

4. 试验步骤

（1）解除发变组同期装置出口合发电机出口断路器的接线，并断开发电机出口断路器的操作电源。

（2）将同期装置的合闸脉冲、脉振电压和发电机出口断路器合闸位置接入录波器。

（3）改接发变组隔离开关开入电压切换箱的辅助触点，分别模拟发变组挂高压母线运行，检查电压切换及输出正确。

（4）手动调节励磁将发电机电压升至额定值，投入自动准同期装置，检查同期系统和机组电压是否正常，确认同期捕捉点符合系统和机组间电压相位变化的规律，确认系统和机组核相正确。

（5）维持发电机额定电压，将频率升至 50.5Hz，通过 DCS 投入同期，检查装置调速脉冲及同期闭锁信号应正确（只发减速脉冲，无增速和调压信号），并记录合闸脉冲和脉振电压数据。

（6）维持发电机额定电压，将频率降至 49.5Hz，通过 DCS 投入同期，检查装置调速脉冲及同期闭锁信号应正确（只发增速脉冲，无减速和调压信号），并记录合闸脉冲和脉振电压数据，必要时根据实测结果调整调频步长和合闸导前时间。

（7）维持发电机频率为 50Hz，将电压调高 5%，通过 DCS 投入同期，检查装置调压脉冲及同期闭锁信号应正确（只发降压脉冲，无调速和升压信号），并记录合闸脉冲和脉振电压数据。

（8）维持发电机频率为 50Hz，将电压调低 5%，通过 DCS 投入同期，检查装置调压脉冲及同期闭锁信号应正确（只发升压脉冲，无调速和降压信号），并记录合闸脉冲和脉振电压数据，必要时根据实测结果调整调压步长和合闸导前时间。

（9）恢复发变组自动准同期装置出口合发电机出口断路器的接线，送上发电机出口断路器的操作电源。

（10）维持发电机额定电压，将频率升至 50.1Hz，通过 DCS 投入同期，检查装置调压、调速信号及出口合闸动作应正确，同时记录合闸脉冲、脉振电压以及发电机出口断路器动作等数据。

（11）确认发电机出口断路器合闸、合闸脉冲时间正确后，退出同期装置。

（12）断开发变组出口断路器及其操作电源。

（13）恢复发变组隔离开关开入电压切换箱的辅助触点接线。

（六）发电机整体气密性试验

1. 试验时间

发电机大修后。

2. 试验条件

（1）发电机内冷水、密封油、氢气系统具备投运条件；各系统的表计应全部恢复正常。

（2）发电机本体电气、汽轮机、热工专业工作应全部结束，人孔门封堵完毕；对发电机密封系统各部位做一次全面检查。

（3）对发电机所用压缩空气进行排污，发电机充压缩空气管路滤网清扫检查合格，所用压缩空气经微水化验合格后使用。

3. 试验步骤

（1）运行人员提前开启压缩空气管道至发电机氢气系统管道上的排污门，充分排污。

（2）由运行人员将发电机充气切换至压缩空气系统阀门上，将发电机充氢气系统阀门关闭。

（3）检查密封油系统应投入运行，运行人员负责监视发电机风压，并跟踪调整密封油压和风压的压力差。

（4）当机内风压升至 0.1MPa 时，将内冷水系统及氢冷器投入正常运行，并调整水压与氢压差值在允许范围内。

（5）待机内压力升至 0.3MPa 时，关闭压缩空气进气门，此时运行人员负责检查压缩空气系统各阀门有无渗漏现象。

（6）当确认无渗漏存在时，开始保压，运行人员应每小时记录一次发电机内部油压、风压变化情况，同时注意观察发电机内部温度，并每 2h 测量一次发电机转子绝缘情况。

（7）保压时间为 24h，此间，检修人员应对发电机人孔门、氢气冷却器端盖、密封瓦、转子引线、测温元件板，各密封面以及氢系统的阀门、仪表、氢气干燥器等部位进行全面系统的检查，确认是否有渗漏现象。

（8）打风压验收标准：当周围大气压和温度不变的情况下，空压不小于 0.3 MPa 时，规定发电机风压下降最大允许值每 24h 不超过 2.9m³h 为合格（即发电机转子静止或盘车时）。

（七）UPS 装置电源切换试验

1. 试验时间

每年进行一次。

2. 试验条件

（1）UPS 主机柜内主路电源、旁路电源、直流电源开关接线正确，静态切换开关接线正确。

（2）UPS 主机柜无异常告警。

3. 试验步骤

（1）正常操作模式切换试验操作：在正常交流电源供应下，启动 UPS 使得整流器将交流电转换为直流电源后，供电给逆变器并同时对电池充电。

（2）停电模式操作切换试验操作：停止 UPS 整流器供电，检查蓄电池组提供电能给逆变器，使交流输出不会有中断现象。

（3）备用电源模式切换试验操作：检查母联开关在合闸位置，停止 1 号电源，检查 2 号电源应正常供电；停止 2 号电源，检查 1 号电源应正常供电；若此时旁路交流电源正常时，静态开关会将电源供应转为由旁路备用电源输出给负载使用。

（4）维护旁路模式操作：手动合上旁路维护开关，断开 UPS 蓄电池输出开关，检查负载应正常，电源经由维护旁路开关继续供应电源给负载，此时，检查 UPS 逆变器无输出电压。

（八）柴油发电机组带负荷试验

1. 试验时间

每月进行一次。

2. 试验当中注意事项

柴油机在试验时不允许与厂用电同期并联运行，需要将柴油发电机到保安 PC 段进线电源开关解备。

3. 试验步骤

（1）检查柴油发电机组确在良好备用状态，在 DCS 画面上无报警。

（2）检查并确认柴油发电机方式选择开关在"自动"位置。

（3）远方 DCS 启动柴油发电机；检查柴油发电机启动成功，转速、电压、频率等参数正常。

（4）检查并确认柴油发电机三相电流为零或趋于零。

（5）检查并确认柴油发电机出口开关自动合闸。

（6）检查并确认柴油发电机出口三相电压平衡。

（7）检查并确认柴油发电机组各部分运行正常，无异声、振动、渗漏油及异常信号发出。

（8）远方 DCS 停运柴油发电机组。

（9）检查并确认柴油发电机组冷却 120s 后自动停运。

（10）检查并确认柴油发电机组出口开关自动跳闸。

（11）检查并确认柴油发电机组控制面板各信号灯显示正常。

（12）将柴油发电机到保安 PC 段进线电源开关恢复备用。

三、相关知识

（一）发电厂绝缘和特性试验基础知识

电气设备的试验可分为绝缘试验和特性试验两大类。

1. 绝缘试验

电气设备的绝缘缺陷有两种，一种是制造时潜伏下来的，另一种是在外界作用下发展起来的。试验方法一般分为两类，一类是非破坏性试验，又称为绝缘特性试验，该方法是指在低压和非腐蚀性的状态下，通过试验判断电气设备内部绝缘是否良好。非破坏性试验主要包括绝缘电阻试验、介质损耗正切（tanδ）试验等相关试验。第二类是绝缘耐压试验，该试验电压较高，对绝缘体内部是否存在缺陷判断更灵敏，但由于可能会损害电气设备的绝缘性能，因此，也被称为破坏性试验。破坏性试验主要包括雷击耐压试验和交流、直流耐压绝缘试验等。

2. 特性试验

通常把绝缘试验以外的试验统称为特性试验。这类试验主要是对电气设备的电气或机械方面的某些特性进行测试，如变压器和互感器的变比试验、极性试验；线圈的直流电阻测量；断路器的导电回路电阻测量；分合闸时间和速度试验等。上述试验有它们的共同目的，就是揭露缺陷。试验人员应根据试验结果，结合出厂及历年的数据进行纵向比较，并与同类型设备的试验数据及标准进行横向比较，经过综合分析来判断设备缺陷或薄弱环节，为检修和运行提供依据。

（二）设备定期试验与倒换制度

定期试验是对设备定期进行试验，使之处于良好的备用状态，随时能够根据需要投入运行。定期试验中发现的问题应及时上报、处理。定期倒换是对运行设备凡具有备用设备的，必须按运行规程定期进行设备倒换。通过定期倒换避免设备疲劳运行，对倒停设备进行检查、维护和消除缺陷，保证设备在良好状态下运行。

设备的定期试验与倒换要求如下：

（1）设备的定期试验与倒换由值长负责，运行主值按安全规程和运行规程执行。

（2）重要安全装置的试验如汽轮机超速试验、锅炉安全阀调校试验等。实验时应在生产副总、生产技术部领导和专业工程师监督下进行，并由值长统一指挥。

（3）设备定期试验与倒换的时间、项目和结果等应详细记录在运行岗定期工作记录上。试验中发现的隐患和缺陷应及时上报、处理。

（4）易出现大轴弯曲的设备（汽轮机、给水泵等）的盘车应视为定期试验与倒换的一部分。

（5）设备定期倒换的操作应按运行规程执行，必要时使用操作票、设定监护人。每次倒换应做好详细记录。

（6）设备定期倒换的顺序应按照在最短时间内所有同一性质、同一功能的备用设备都参加运行为原则确定。

（7）设备定期试验与倒换的项目、周期等参照运行规程或有关规定确定，倒换周期没有规定的可按每半个月倒换一次执行。

（8）生产技术部按规程或有关规定的要求制订定期试验与倒换的实施方案，实施方案如有改动应由生产技术部专工提出，经当值值长批准。

（三）事故保安电源系统及交流不停电电源系统

当厂用工作电源和备用电源都消失时，为确保在严重事故状态下能安全停机，事故消除后又能及时恢复供电，对 200MW 及以上的大容量机组应设置事故保安电源，以保证事故保安负荷，如润滑油泵、密封油泵、热工仪表及自动装置、盘车装置、顶轴油泵、事故照明和计算机等设施的连续供电。

事故保安电源必须是独立而又十分可靠的电源，通常采用快速自动启动的柴油发电机组、蓄电池组以及逆变器将直流变为交流作为交流事故保安电源。对 200MW 及以上的机组还应由附近 110kV 及以上的变电站或发电厂引入独立可靠专用线路，作为事故备用保安电源。

图 3-3-1 中所示为某 600MW 机组的事故保安电源接线示意。每台机组设置一台快速启动的柴油发电机组，下面以某 600MW 火力发电机组为例介绍柴油发电机机组。

1. 柴油发电机机组启停注意事项

（1）柴油发电机一般在接到启动指令后 10s 内自启动成功，在 60s 内实现一个自启动循环（即三次自启动）。若连续自启动三次失败，则发出停机信号，并闭锁自启动回路。

（2）柴油发电机组的启动方式为 24V（DC）电启动，电启动方式的电源采用全密封免维护阀控铅酸蓄电池。蓄电池的浮充装置具备小电源浮充和快速充电两种自动充电功能。蓄电池的容量一般能满足连续启动 15 次的用电量要求。

（3）柴油发电机组的通风方式以轴向通风为主，柴油机冷却方式采用闭式循环水冷却，一次水冷，二次采用散热器风冷，不需外供水源。

（4）柴油发电机组连接到机组保安 A、B 段。

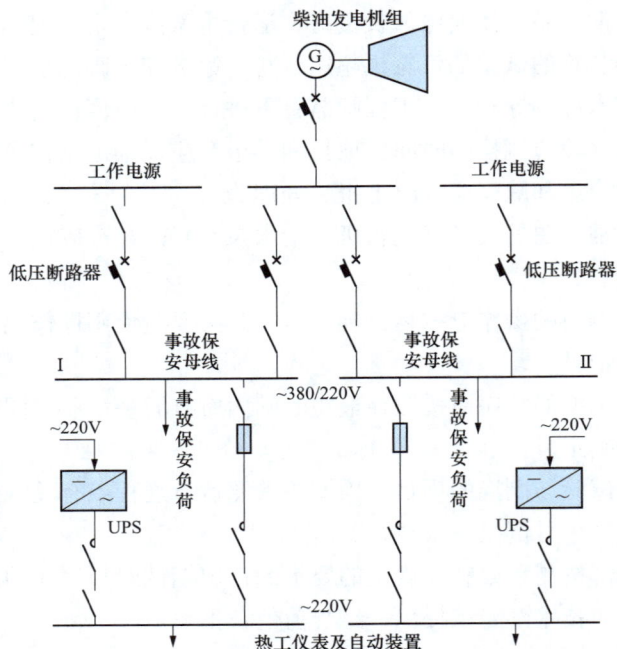

图 3-3-1 某 600MW 机组的事故保安电源接线示意

2. 交流不停电电源系统

对于不允许间断供电的交流用电负荷，目前一般的厂用电系统所提供的 380V/220V 交流电源，显然不能满足要求，必须设置专门的交流不停电电源系统。

（1）交流不停电系统各部分的作用。图 3-3-2 所示为交流不停电电源系统。采用晶闸管逆变器的不停电电源系统设备电路主要由整流器、逆变器、逆止二极管、旁路隔

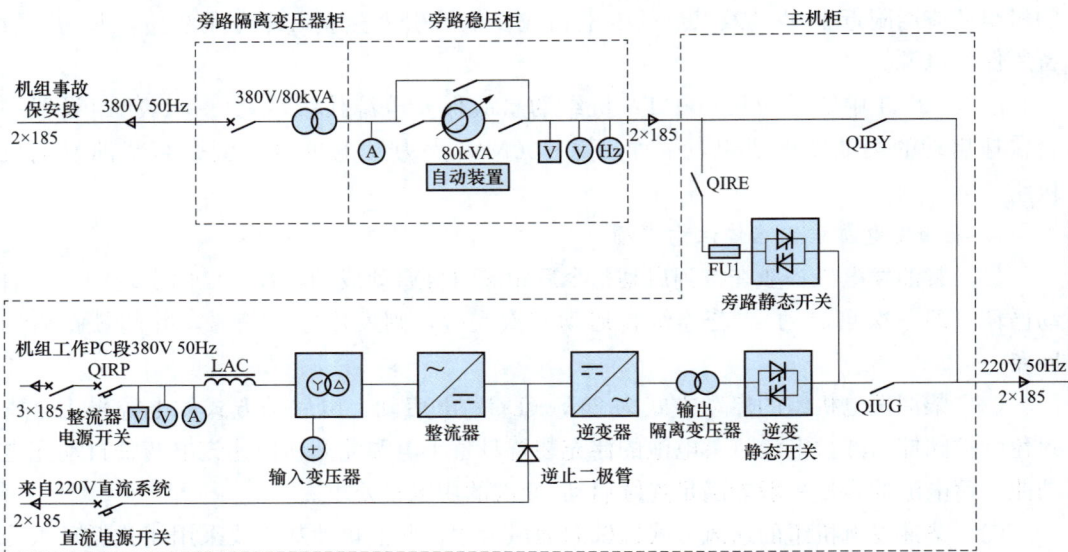

图 3-3-2 交流不停电电源系统

离变压器、旁路稳压装置、静态开关、手动切换开关、同步控制电路、信号及保护电路、直流输入电路、交流输入电路等部分构成。

1) 整流器。通过对晶闸管导通角的控制，实现对输出电压控制和电流稳定。

2) 逆变器。将整流器输出的直流电或来自蓄电池的直流电变换成 380V/220V、50Hz 正弦交流电，是不停电电源的核心部件。

3) 旁路隔离变压器。它能在逆变回路故障时自动将负荷切换到旁路回路，起到隔离和稳压作用。

4) 静态开关。静态开关将来自逆变器的交流电源和旁路系统电源选择其一送至负荷。它的动作是预先整定好的，要求在切换过程中对负荷的间断供电时间小于 5ms。

5) 手动切换开关。手动输出开关 QIUG、手动旁路输入开关 QIRE、手动旁路输出开关 QIBY。在维修或需要时通过 QIUG、QIBY 在静态开关回路和旁路回路之间进行手动切换，保证了切换过程中对负荷的供电不间断。

（2）对交流不停电系统的要求。

1) 保证在发电厂正常运行和事故状态下为不允许间断供电的交流负荷提供不间断电源，在全厂停电情况下这种电源系统满负荷连续供电的时间不少于 0.5h。

2) 输出交流电源的质量要求：电压稳定度在 5%～10% 范围内；频率稳定度稳态时不大于 1%，暂态时不大于 2%；总的波形失真度相对于标准正弦波不大于 5%。

3) 交流不停电电源系统切换过程中供电中断时间小于 5ms，这样短的切换时间只有静态开关才能做到。

4) 交流不停电电源系统还必须有各种保护措施，保证安全可靠地运行。

（四）绝缘电阻表的使用方法

（1）记录被测试设备的铭牌、运行编号及大气条件。

（2）根据被测对象的额定电压，选择不同电压的绝缘电阻表。

1) 10kV 高压电动机用 2500V 绝缘电阻表测量。

2) 380V 及以下低压电动机、直流电动机以及绕线式电动机定、转子，用 500V 绝缘电阻表测量。

3) 发电机定子绝缘用 2500V 绝缘电阻表测量。

4) 转子回路、励磁机回路用 500V 绝缘电阻表测量。

5) 轴承及油管法兰的绝缘应由检修人员用 1000V 绝缘电阻表测量测定，其阻值不低于 1MΩ。

（3）测量前应使设备或线路断开电源，有仪表回路的要将仪表断开，然后进行放电。对于大型变压器、大型电机等大型电感、电容性设备及线路，在测量完毕也应放电。放电时间一般为 2～3min，对于电容较大的高压设备及线路放电时间应至少 5min，以免试验人员触电或烧毁仪器。

（4）使用绝缘电阻表前应进行校验，当接线端为开路时，摇转绝缘电阻表，指针应在"∞"位，将 E 和 L 短接起来，缓慢摇动绝缘电阻表，指针应在"0"位。校验时，当指针指在"∞"或"0"位时，指针不应晃动。

（5）用干燥清洁的柔软布擦去被试设备的表面污垢，以消除表面泄漏电流的影响。

（6）绝缘电阻表的 L 端子接于被试设备的高压导体上；E 端子接于接地点；G 端子接于被试设备的屏蔽环，以消除表面泄漏电流的影响。

（7）如果采用手摇式绝缘电阻表，测量时转速应由慢到快，不得时快时慢。当达到 120r/min 时应保持稳定，转速稳定后，表盘上的指针方能稳定，待 1min 时读取绝缘电阻值。进行设备吸收比与极化指数试验时，还应分别读取 15s、60s 及 10min 的绝缘电阻值。

（8）测量完毕，应先断开 L 端子，然后停表。

（9）试验完毕或重复试验时，必须将被试设备短接后对地充分放电，以保证测量的安全性与准确性。

（五）发电机的空载特性和短路特性

1. 空载特性

空载特性属于同步发电机的基本特性，用于确定发电机的稳态参数及反映电机磁路饱和情况。同步发电机在转子转速 $n=n_N$，电枢电流 $I=0$ 的运行状态下，测得的 $E_0=f(I_f)$ 曲线，即空载特性，如图 3-3-3 所示。空载特性表明了磁路的饱和情况，开始的直线部分，E_0 与 I_f 成线性关系，说明铁芯处于未饱和状态；曲线后一段弯曲，E_0 与 I_f 成非线性关系，表明铁芯已有不同程度的饱和。

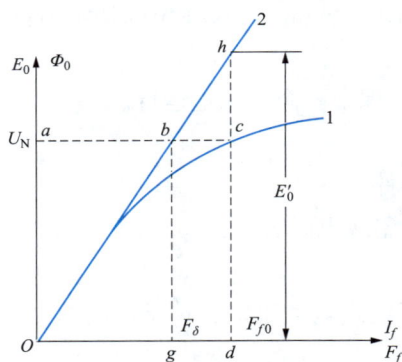

图 3-3-3 同步发电机的空载特性

空载特性的直线延长段，图 3-3-3 中曲线 2 称为气隙线。从图中可见，要获得同样的电动势 $E_0=U_N$，若磁路不饱和，只需 F_δ，磁路饱和时则需 F_{f0}，其中（$F_\delta-F_{f0}$）消耗在铁磁部分。磁路越饱和，铁磁部分消耗的磁动势也越大。F_δ 与 F_{f0} 的比值用 k_u 表示，称为饱和系数，其关系为

$$k_\mu = \frac{F_{f0}}{F_\delta} = \frac{\overline{ac}}{\overline{ab}} = \frac{\overline{od}}{\overline{og}} = \frac{\overline{dh}}{\overline{dc}} = \frac{E_0'}{U_N} > 1$$

式中：E_0' 为磁路不饱和时的空载电动势。

为了有效利用铁磁材料，空载电动势 E_0 一般设计在空载特性的弯曲处，如图 3-3-3 中 C 点附近。表 3-3-1 为某同步电机标准空载特性。运行中的同步发电机，通过测试空载特性曲线与标准空载特性比较，可初步判断励磁绕组、电枢绕组是否存在故障。

表 3-3-1 同步发电机标准空载特性

I_f^*	0.5	1.0	1.5	2.0	2.5	3.0	3.5
U_0^*，E_0^*	0.57	1.0	1.21	1.33	1.40	1.46	1.51

2. 短路特性

短路特性表示同步发电机运行于转子转速 $n=n_N$，电枢三相绕组持续稳定短路时，电枢短路电流 I_k 随励磁电流 I_f 变化的关系曲线 $I_k=I_f$。

因为 $U=0$，限制 I_k 的仅是发电机的内部阻抗，即同步阻抗。而电阻很小，可忽略不计，故 I_k 可认为是纯感性的，即 $\dot{I}_k$ 滞后 $\dot{E}_0$ 90°，电枢反应磁动势为直轴去磁磁动势，即 $\dot{F}_{a1}=\dot{F}_{a1d}$。合成气隙磁动势 $\dot{F}_\delta=\dot{F}_{f1}-\dot{F}_{a1d}$ 很小，产生的气隙磁通也很小，电机磁路处于不饱和状态。故 $E_0\propto I_f$，且 $\dot{E}_0=jx_d\dot{I}_k$ 中 x_d 为常量，$E_0\propto I_k$。因此存在 $I_k\propto I_f$，短路特性为一条直线，如图 3-3-4 中直线所示。

四、完成任务

严格按照任务提纲要求，掌握相关知识，完成本次任务的学习。

（1）通过本次学习，熟练进行定子绕组的绝缘电阻和吸收比测量。

（2）通过本次学习，熟练进行发电机空载试验。

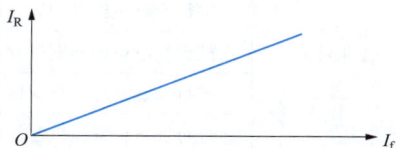

图 3-3-4　三相稳态短路特性

（3）通过本次学习，熟练进行发电机三相稳态短路特性试验。

（4）通过本次学习，熟练进行发电机组进相运行试验。

（5）通过本次学习，熟练进行发电机假同期试验。

（6）通过本次学习，熟练进行励磁系统带负荷试验。

（7）通过本次学习，熟练进行发电机整体气密性试验。

（8）通过本次学习，熟练进行 UPS 装置电源切换试验。

（9）通过本次学习，熟练进行柴油发电机组带负荷试验。

五、任务评价

根据工作任务的完成情况，对照评价项目和技术标准规范，逐项评价，确定技能水平和改进的要求。任务评价表见 3-3-2。

表 3-3-2　　　　　　　　　　　**任　务　评　价　表**

内　　容		评　　价	
学习目标	评价目标	个人评价	教师评价
知识目标	定子绕组的绝缘电阻和吸收比测量方法		
	发电机空载试验方法		
	发电机三相稳态短路特性试验方法		
	发电机组进相运行试验方法		
	发电机假同期试验方法		
	励磁系统带负荷试验方法		
	发电机整体气密性试验方法		
	UPS 装置电源切换试验方法		
	柴油发电机组带负荷试验方法		

续表

内　　容		评　　价	
学习目标	评价目标	个人评价	教师评价
技能目标	进行定子绕组的绝缘电阻和吸收比测量		
	进行发电机空载试验		
	进行发电机三相稳态短路特性试验		
	进行发电机组进相运行试验		
	进行发电机假同期试验		
	进行励磁系统带负荷试验		
	进行发电机整体气密性试验		
	进行 UPS 装置电源切换试验		
	进行柴油发电机组带负荷试验		
素质目标	沟通能力		
	团队合作能力		
	方法创新能力		
	突发事件处理能力		
改进要求			

六、 课后练习

（1）发电机假同期试验条件是什么？

（2）发电机整体气密性试验条件是什么？

（3）柴油发电机带负荷试验需要的注意事项有哪些？

（4）柴油发电机不能启动的原因有哪些？

（5）柴油发电机的启动方式有哪些？

（6）发电机空载试验条件是什么？

（7）柴油发电机停机方式有哪些？

（8）柴油发电机功率不足的原因有哪些？

工作领域四　机组典型事故处理

本工作领域包含四项任务，分别是任务一机组紧急停运条件及处理，任务二锅炉系统典型事故处理，任务三汽轮机系统典型事故处理，任务四电气系统典型事故处理。本工作领域核心知识点包括火电机组事故处理的基本原则和方法，机组事故的现象及判断，事故的原因分析，事故的处理步骤及原理方法。

关键技能项包括：掌握机组事故处理特点及事故处理原则；能够准确判断事故存在的原因；快速处理事故，减小事故造成的影响，稳定生产；正确撰写机组事故（包括锅炉事故、汽轮机事故、电气事故、机组紧急停运等）处理分析报告，提出合理的事故预案等。

工作任务一　机组紧急停运条件及处理

一、　任务描述

发电机组在运行中，如果出现危及人身安全和设备运行的重大事故或突然发生的不可抗拒的自然灾害时，应紧急停运，尽量减小事故和灾害的损失程度。任务描述如下：

（1）学习单元机组事故处理特点及事故处理原则。

（2）学习汽轮发电机组破坏真空紧急停机的条件及主要操作。

（3）学习汽轮发电机组不破坏真空紧急停机的条件及主要操作。

（4）学习紧急停炉（手动 MFT）的条件及主要操作。

（5）学习锅炉申请故障停炉的情况，并学习故障停炉的主要操作。

二、　任务分析

汽轮发电机组在运行过程中需要机、炉、电、控各系统协调配合，任何一方面出现故障都会影响整个机组的安全运行，故要求集控运行人员在机、炉、电的操作调整过程中需相互沟通、相互配合、共同完成事故处理工作。能正确判断汽轮机紧急停机时，是否需要破坏真空；锅炉突发事故时，是需要申请故障停炉，还是需要直接紧急停炉（手动 MFT）。前期能正确判断和处理机组事故，后期对事故处理能够进行合理分析，并提出可行性的事故预案。

三、　相关知识

（一）　单元机组事故处理特点及事故处理原则

1. 机组事故处理特点

（1）单元机组一般为高参数大容量机组，故运行中对管壁温度、运行参数有更为严格的要求；从设备故障率来看，因参数超限、管壁超温而造成的设备事故仍占很大的比例。

（2）大型机组结构复杂，发生事故可能造成设备损坏，检修费用高，周期长。

（3）单元机组内部故障，事故可以限制在本机范围内，一般不会影响其他机组。

（4）单元机组发生严重的机组损坏事故，检修难度大，技术要求高，即使经过长时间检修，有时也难以恢复至原来状态，从而影响机组正常使用和设备寿命。

（5）自动装置及保护装置系统设计不佳或使用不当，均会造成设备的停运，甚至还会造成设备损坏事故。

（6）单元机组对辅机及辅助设备的要求也比母管制机组高，不论是辅机还是辅助设备损坏，都可能造成机组降出力运行或停运。

2．机组事故处理原则

大型发电机组是电力系统的主力机组，它的安全稳定运行对电力系统至关重要。当机组发生事故时的处理原则如下：

（1）发生事故时，应按"保人身、保电网、保设备"的原则进行处理。

（2）发生事故时，在值长统一指挥下，机组人员迅速按规程规定进行处理。值长的命令除可能对人身、设备有直接危害外，均应立即执行，否则应申明理由。值长坚持时，应向上级领导汇报。

（3）发生事故时，运行人员应迅速查清事故发生原因，解除对人身和设备的威胁，同时努力保证非故障设备的正常运行。

（4）发生事故时应设法保证厂用电，尤其是事故保安电源的供应。事故处理中应周全考虑操作对相关系统的影响，防止事故扩大。

（5）当发生本机规程以外的事故及故障时，值班人员应做出正确判断，主动采取对策，迅速进行处理。时间允许时，请示值长并在值长的指导下进行事故处理。

（6）事故处理中，达到停机条件而保护未动作时，立即紧急停机。

（7）若机组跳闸，事故原因已查清，故障点已消除或隔离后，应尽快恢复机组运行。

（8）在处理事故时，运行人员不得擅自离开工作岗位。如果事故处理发生在交接班时间，应延期交班。在未办理交接手续前，准备交班人员应继续工作，直到事故处理完毕或告一段落。接班人员应在交班人员的指挥下主动协助进行事故处理。

（9）事故处理过程中，无关人员禁止围聚在集控室或停留在故障发生地。

（二）汽轮发电机组破坏真空紧急停机的条件及主要操作

1．汽轮机破坏真空紧急停运条件（以660MW机组为例）

（1）主机转速超过3330r/min，超速保护未动作。

（2）主机轴向位移达+1.2mm或者−1.65mm，保护未动作。

（3）主机高压胀差达+11.6mm或−6.6mm，保护未动作，或低压胀差达+30mm或−8mm，保护未动作。

（4）机组发生强烈振动，任一轴振大于或等于250μm，或瓦振大于或等于80μm，

资源库30_汽轮机事故处理的原则

或任一轴承瓦振突增 50μm。

（5）机组任一支持轴承、推力轴承回油温度达 75℃，或 1～6 瓦支持轴承乌金温度达 121℃、7/8 瓦支持轴承乌金温度达到 105℃且轴承回油温升达到对应跳闸值、推力瓦乌金温度达 110℃，保护未动作。

（6）主机发生水冲击或主、再热蒸汽温度 10min 内急剧下降超过 50℃且保护未动作。

（7）主机断叶片或内部有明显的金属摩擦、撞击声，轴封处冒火花。

（8）汽轮发电机组任一轴承断油。

（9）主机润滑油压下降至 69kPa 且无增大趋势，保护未动作。

（10）主油箱油位急剧降至 1150mm，补油无效。

（11）主要汽、水、油管道爆破，危及人身、设备安全。

（12）机组油系统着火、发电机氢爆，无法扑灭并严重威胁机组安全。

2. 机组破坏真空紧急停运的操作（以 660MW 机组为例）

（1）按控制盘"汽轮机 TRIP"按钮或就地拉机械跳闸操作手柄，确认 MSV、CV、RSV、ICV 关闭，高排止回阀和各级抽汽止回阀关闭，VV 开启，汽轮机转速下降。

（2）当机组负荷大于 60MW 时，确认锅炉 MFT 动作正常。

（3）确认辅助油泵（TOP）、MSP 联动正常，检查润滑油压应正常。

（4）确认发电机解列，励磁开关断开，厂用切换至启动/备用变压器供电。

（5）破坏真空紧急停机时，停止真空泵运行，开启真空破坏门。

（6）机组紧急破坏真空时，应及时关闭进入排汽装置的主、再热蒸汽管道上的疏水气动门、手动门，禁止投入旁路。

（7）真空降到零时，切断轴封供汽，轴封蒸汽母管压力到零后 15min，停用轴封加热器风机。

（8）汽轮机惰走过程中应确保机组振动、润滑油温、油氢差压等正常，记录惰走时间，倾听机内声音应正常。

（9）主机转速降至零，投入盘车正常。

（10）故障不能马上消除时，按紧急停炉步骤停止锅炉运行。

（11）其他操作参见正常停机执行。

（三）汽轮发电机组不破坏真空紧急停机的情况及主要操作

1. 汽轮机不破坏真空紧急停机条件（以 660MW 机组为例）

（1）机侧主蒸汽温或再热汽温上升至 614～628℃超过 15min，或超过 628℃。

（2）机侧主蒸汽压力达到 30.0MPa 及以上运行时间超过 15min。

（3）低压缸排汽温度大于 80℃，经处理无效，继续上升至 107℃。

（4）EH 油系统故障（漏油、油箱油位低至低限以下不能维持等），不能及时恢复。

（5）EH 油压低于 7.8MPa，保护拒动。

（6）机组正常运行时，汽轮机主油泵工作严重失常，交流润滑油泵维持运行，无法查明故障原因。

（7）DEH、TSI、DCS故障，致使汽轮机重要参数无法监控，不能维持机组运行。

（8）高压缸排汽管道金属温度大于427℃，保护拒动。

（9）凝汽器真空急剧下降至75.7kPa，保护拒动。

（10）主再热蒸汽、给水或凝结水管道破裂，无法继续运行。

（11）热工仪表电源、控制电源中断，机组无法维持运行。

（12）机组甩负荷后空转超过15min。

（13）厂用电部分中断，机组无法维持正常运行。

（14）汽轮机逆功率运行超过1min。

（15）汽轮机切缸后任一汽缸进汽中断。

（16）仪用压缩空气系统故障，无法维持机组正常运行。

2．汽轮机故障停机的操作（不破坏真空停机）

机组故障停运时的主要操作步骤：

（1）接到指令故障停机，快速减负荷，同时进行厂用电切换。

（2）负荷至60MW时，启动TOP和MSP，确认润滑油压正常，汽轮机打闸，确认MSV、CV、RSV、ICV关闭，发电机解列，励磁开关断开，汽轮机转速下降。若故障不能短时消除，应停止锅炉运行。

（3）汽轮机故障停运其余操作按正常停机操作。

（四）紧急停炉（手动MFT）的条件及主要操作

1．锅炉紧急停运条件

（1）MFT应该动作而拒动。

（2）锅炉承压部件、受热面和管道爆破难以维持运行。

（3）锅炉所有给水流量表计损坏，不能正常监视锅炉上水流量。

（4）再热蒸汽突然中断。

（5）锅炉压力达到安全阀动作值而安全阀拒动。

（6）确认尾部烟道发生二次燃烧，排烟温度超过250℃且快速上升。

（7）炉膛内或烟道内发生爆炸，使设备遭到严重损坏。

（8）锅炉范围内发生火灾，直接威胁人身及锅炉的安全运行。

（9）热工仪表、控制电（气）源中断，无法监视、调整主要运行参数。

（10）脱硫岛吸收塔、原/净烟道发生火灾，直接威胁人身及设备的安全运行。

2．紧急停炉的主要操作步骤

（1）同时按两个"MFT"按钮保持3s以上，检查MFT动作，检查并确认下列设备动作正常，否则立即手动执行：

1）所有一次风机、密封风机、磨煤机、给煤机、等离子点火系统停运。

2）所有磨煤机出、入口快关门关闭。

3）过热器及再热器减温水调整门、电动隔离门关闭。

4）启动系统暖管出口电动门、调整门关闭。

资源库31_锅炉事故处理的原则

5）吹灰停止，所有吹灰枪退出。

6）汽轮机、发电机跳闸。

7）电除尘器跳闸。

8）脱硝系统跳闸。

9）脱硫岛跳闸。

10）汽动给水泵跳闸，电动给水泵联启。

（2）MFT 后若送、引风机未跳闸，则进行熄火后吹扫。由于送、引风机引起的 MFT 或 MFT 后送、引风机跳闸，则进行自然通风。如尾部烟道发生二次燃烧时，按相关规定处理。

（3）其他操作按正常停炉及相关事故处理规定进行。

（五）锅炉申请故障停炉的情况及主要操作

1. 申请故障停炉的情况

（1）锅炉承压部件及汽水管道泄漏，只能短期内维持运行。

（2）受热面金属管壁严重超温，经多方调整无效。

（3）给水、炉水、蒸汽品质恶化，经调整无效。

（4）安全阀动作经降压后不回座，采取措施无效。

（5）主要设备的支吊架发生变形或断裂。

（6）锅炉严重结焦、堵灰，无法维持正常运行。

（7）袋式除尘器故障，无法正常运行。

（8）除灰（干式除渣机、气力输灰）系统故障，锅炉连续 10h 不能排渣、排灰。

（9）脱硫吸收塔浆液严重污染，经置换无效。

（10）失去控制气源，只能短期内维持运行。

2. 故障停炉的主要操作（以 660MW 超超临界机组为例）

（1）快速减负荷，同时进行厂用电切换。

（2）负荷至 60MW 时，启动 TOP 和 MSP，确认润滑油压正常，汽轮机打闸，确认 MSV、CV、RSV、ICV 关闭，发电机解列，励磁开关断开，汽轮机转速下降。若故障不能短时消除，应停止锅炉运行。

（3）锅炉故障停运时，先快速减负荷，同时进行厂用电切换，当机组负荷低于 150MW 时，即可手动 MFT。MFT 动作后处理如下：

1）确认所有磨煤机、给煤机、一次风机、等离子点火系统跳闸。

2）确认过热器减温水、再热器事故喷水门、启动系统暖管出口电动门均关闭、汽动给水泵跳闸，电动给水泵联启。

3）确认汽轮机已跳闸，MSV、CV、RSV、ICV 关闭，高排止回阀、各段抽汽电动门及止回阀关闭，转速下降，VV 开启，TOP、MSP、顶轴油泵 JOP 相继联启正常，否则应手动启动。

4）确认发电机已跳闸，发电机有功、电压到零，厂用电切换正常。

5）检查炉膛负压自动调节应正常，降低锅炉总风量至 30％BMCR 对应的值，防止汽温下降过快。

6）锅炉主汽压力达 26.7MPa、电子控制压力泄放阀（ERV）不动作时，应立即手动开启 ERV 泄压。

7）电动给水泵联启后，保持锅炉给水补水不大于 50t/h，启动分离器水位正常后启动炉水泵。

8）确定 MFT 首出原因，通知设备人员到现场，做好炉膛吹扫的准备。检查汽轮机油温、油压、轴承金属温度、轴向位移、胀差、振动等参数正常，防进水保护动作正常。确保轴封汽源切换正常，轴封供汽压力、温度正常。

9）维持热井、除氧器水位正常，除氧器汽源切至辅汽供，汽轮机转速到零后投入盘车，记录惰走时间。

10）确认运行吹灰器自动退出，注意监视锅炉排烟温度和热风温度，防止尾部受热面再燃烧。

11）确认脱硝系统已连锁跳闸，A、B 侧氨/空气混合器供氨管道气动关断阀已关闭。

四、完成任务

登录相关的发电机组仿真平台，严格按照任务提纲完成对机组紧急停运条件及处理方法的学习。

（1）通过学习，掌握单元机组事故处理特点及事故处理原则。

（2）通过学习，能够正确撰写机组事故处理分析报告。

（3）通过学习，熟记汽轮发电机组破坏真空紧急停机的条件，能够熟练进行破坏真空紧急停机的主要操作。

（4）通过学习，熟记汽轮发电机组不破坏真空紧急停机的条件，能够熟练进行不破坏真空紧急停机的主要操作。

（5）通过学习，熟记锅炉紧急停炉的条件，能够熟练进行锅炉紧急停炉的主要操作。

（6）通过学习，熟记哪些情况需要申请故障停炉，能够熟练进行申请故障停炉后的主要操作。

五、任务评价

根据工作任务的完成情况，对照评价项目和技术标准规范，逐项评价，确定技能水平和改进的要求。任务评价表见表 4-1-1。

表 4-1-1 任务评价表

内容		评价	
学习目标	评价目标	个人评价	教师评价
知识目标	掌握单元机组事故处理特点及处理原则		
	熟记汽轮发电机组破坏真空紧急停机条件		
	熟记汽轮发电机组不破坏真空紧急停机的条件		
	熟记锅炉紧急停炉（手动 MFT）的条件		
	熟记哪些情况需要申请故障停炉		

续表

内　　容		评　　价	
学习目标	评价目标	个人评价	教师评价
技能目标	具备单元机组事故的组织与调度能力		
	有效的组织与调度人员进行事故处理		
	正确撰写机组事故处理分析报告		
	熟练进行破坏真空紧急停机的主要操作		
	熟练进行不破坏真空紧急停机的主要操作		
	熟练进行锅炉紧急停炉的主要操作		
	熟练进行申请故障停炉后的主要操作		
素质目标	沟通能力		
	团队合作能力		
	方法创新能力		
	突发事件处理能力		
改进要求			

六、　课后练习

（1）单元机组事故有哪些特点？

（2）机组事故处理的原则是什么？

（3）汽轮机破坏真空紧急停运的条件有哪些？

（4）汽轮机不破坏真空紧急停运有哪些条件？

（5）锅炉紧急停运的条件有哪些？

（6）什么情况下可以申请故障停炉？

（7）思考 MFT 动作拒动时紧急停炉的必要性，有哪些可行性预案可以减少此类事故发生。

工作任务二　锅炉系统典型事故处理

锅炉因设备原因或运行操作原因，使蒸发量等参数不能满足电网负荷指令要求或发生人身伤亡都称为事故。火力发电厂事故中有相当一部分（约70％）是由锅炉事故引起的。事故不仅使发电厂本身遭受重大的损失，而且对用户和社会也造成影响。锅炉发生事故的原因大致有设备制造、安装、检修的质量问题，运行人员失职，技术水平低以及管理不善等。一旦发生事故，运行人员要沉着冷静，正确判断，及时处理。

一、　任务描述

根据声光报警信号、表计指示、保护装置动作情况以及现场设备故障现象，正确判断事故发生的部位及事故性质，确定处理思路与步骤；解除对人身及设备安全的威胁，隔离故障设备，保证其他设备正常运行；设法保证厂用电、辅汽及公用系统正常，尽量使机组不减或少减负荷，减少对临机及电网的影响；保证无故障的设备正常运行，及时投入备用设备。任务描述如下：

（1）学习炉膛结焦事故产生的原因，学习事故的判断方法和事故处理方法，通过分析事故原因，制订可行性预防措施。

（2）学习锅炉四管泄漏事故产生的原因，学习事故的判断方法和事故处理方法，通过分析事故原因，制订可行性预防措施。

（3）学习锅炉受热面积灰事故产生的原因，学习事故的判断方法和事故处理方法，通过分析事故原因，制订可行性预防措施。

（4）学习锅炉汽包满水、缺水事故产生的原因，学习事故的判断方法和事故处理方法，通过分析事故原因，制订可行性预防措施。

（5）学习风烟系统常见事故产生的原因，学习事故的判断方法和事故处理方法，通过分析事故原因，制订可行性预防措施。

（6）学习制粉系统常见事故产生的原因，学习事故的判断方法和事故处理方法，通过分析事故原因，制订可行性预防措施。

（7）学习脱硝系统常见事故产生的原因，学习事故的判断方法和事故处理方法，通过分析事故原因，制订可行性预防措施。

（8）学习挡板及阀门卡涩事故产生的原因，学习事故的判断方法和事故处理方法，通过分析事故原因，制订可行性预防措施。

（9）学习循环流化床锅炉床温、床压过高或过低事故产生的原因，学习事故的判断方法和事故处理方法，通过分析事故原因，制订可行性预防措施。

（10）学习循环流化床锅炉床面结焦事故产生的原因，学习事故的判断方法和事故处理方法，通过分析事故原因，制订可行性预防措施。

二、任务分析

通过检查、分析事故现象，判断事故原因并进行处理操作；调整运行方式使其恢复正常；真实准确记录事故发生的时间、现象、保护及自动装置动作情况、事故处理经过、事故性质、涉及范围、损失情况及故障设备的处理方案，吸取教训，做好防范措施。

通过学习锅炉事故的处理方法，可以有效地提高运行人员的事故预判能力，有效地减小汽轮机组锅炉事故的发生率。

三、相关知识

（一）炉膛结焦事故的判断及处理操作

1. 现象

（1）烟气温度及排烟温度升高。

（2）锅炉汽温升高，减温水流量增大。

（3）冷灰斗内可能有大块焦渣坠落。

（4）局部受热面金属温度可能超温。

2. 原因

（1）煤的灰熔点低。

（2）风量不足，燃烧不完全，火焰中心上移，局部还原性气体过浓。

（3）炉膛热负荷及炉温过高。

（4）配风不合理，炉膛火焰偏斜，温度场分布不均。

（5）吹灰器故障或长期没有进行吹灰。

3. 处理

（1）全面彻底进行吹灰。

（2）调整燃烧，调整火焰中心，适当增加送风量。

（3）向值长申请适当降低锅炉负荷，通过配风调整及煤质调整以减少炉膛结焦。

（4）如经过努力调整，不能维持正常汽温，或壁温超过允许值，应申请停炉。

（5）利用停炉机会，针对燃用煤种进行一次风、二次风、燃尽风调整标定。

（6）彻底清除炉内受热面结焦。

（二）锅炉四管泄漏事故的判断及事故处理操作

1. 省煤器爆管事故的判断及处理

（1）现象：

1）给水流量不正常地大于蒸汽流量。

2）省煤器附近有泄漏声。

3）省煤器两侧烟温偏差大，泄漏侧烟温偏低。

4）两侧空气预热器出口风温相差增大。

5）烟气阻力增大，引风机小汽轮机转速升高。

6）泄漏严重时，炉膛负压偏正。

7）炉管泄漏装置可能报警。

8）省煤器灰斗可能堵灰。

资源库 32_锅炉
受热面爆破事故

资源库 33_省煤
器泄漏事故处理

（2）原因：

1）防磨板位置不合适或脱落，造成飞灰磨损。

2）给水品质长期不合格，管内结垢、腐蚀。

3）停炉保养不良，造成管壁腐蚀。

4）管材质量不合格，安装、检修质量不好或锅炉严重超压。

5）吹灰器安装不当，或吹灰完毕后吹灰器未退到位，对管子长时间冲刷。

6）省煤器长期低温腐蚀。

（3）处理：

1）发现泄漏时，应立即汇报值长，联系有关人员查明泄漏点及泄漏情况。

2）泄漏不严重并能维持运行时，可将给水自动切至手动，加强给水调节，适当降低负荷，降压运行，申请停炉。

3）若泄漏严重，经加强给水调节仍不能维持运行时，应立即停炉，保留一台引风机运行，排出炉内烟气和蒸汽。

4）通知除灰脱硫人员加强输灰管路检查，防止出现堵灰。

2. 水冷壁爆管事故的判断及处理

（1）现象：

1）机组给水量不正常增加，除氧器水位有下降趋势。

2）炉膛压力变正，负压波动大，燃烧不稳，爆破处有响声，炉内有异常响声，引风机投自动时静叶开大或引风机小汽轮机转速升高。

资源库 34_水冷壁泄漏事故处理

3）泄漏附近不严密处有蒸汽和烟气喷出。

4）泄漏量较大时，给水流量不正常地大于蒸汽流量。

5）部分水冷壁可能会超温报警。

6）泄漏严重或爆破时，可能扑灭火焰，造成锅炉灭火。

7）炉管泄漏装置可能报警。

（2）原因：

1）炉水品质长期不合格使水冷壁管内壁结垢造成传热恶化引起爆管。

2）停炉保养不良，造成受热面腐蚀。

3）管材质量不合格，制造有缺陷或安装质量不良。

4）安装、检修时管内有杂物堵塞，造成水循环不良，局部水冷壁过热损坏。

5）燃烧器安装角度不合适，造成部分水冷壁管过热、磨损损坏。

6）吹灰器安装不良，水冷壁管壁被吹损。

7）大块焦块坠落，砸坏水冷壁管。

8）炉膛发生严重爆燃，使管子损坏。

（3）处理：

1）发现水冷壁泄漏时，应立即汇报值长，联系有关人员查明泄漏点及泄漏情况。

2）如泄漏不严重能维持运行，可将给水自动切至手动，加强给水，并适当降低机组负荷，降压运行，申请停炉。

3）如果炉膛燃烧不稳，应投油助燃。

4）如泄漏严重或爆管，无法维持运行，应立即停炉。

5）停炉后，保留一台引风机运行，排出炉内烟气和蒸汽。

6）通知除灰脱硫人员加强输灰管路检查，防止出现堵灰。

3. 过热器爆管事故的判断及处理

（1）现象：

1）爆破处有泄漏声。

2）蒸汽流量不正常地小于给水流量。

资源库 35_过热器泄漏事故处理

3）过热器爆管时，炉膛负压减小或变正，引风机出力增大，严重时，泄漏点附近不严密处有蒸汽和烟气冒出。

4）过热器两侧蒸汽温度偏差增大。

5）过热器两侧烟气温度偏差增大，损坏侧后部烟气温度下降，蒸汽温度上升。

6）严重时，蒸汽压力下降。

7）炉管泄漏装置可能报警。

（2）原因：

1）蒸汽品质长期不合格，管内结垢或腐蚀，造成传热恶化，引起超温爆管。

2）过热器长期超温运行。

3）过热器管被飞灰磨损。

4）过热器受热面设计不合理或管内有杂物造成堵塞，引起局部管子超温损坏。

5）吹灰器安装不良，吹损过热器管壁。

6）停炉保养不良，管内壁腐蚀。

7）管材质量不合格。

8）减温水调整不当，导致过热汽温忽高忽低，过热器管疲劳损坏。

（3）处理：

1）发现泄漏，立即汇报值长，联系有关人员迅速查明泄漏点及泄漏情况。

2）严密监视汽温、汽压的变化及给水和蒸汽流量的差值。

3）当泄漏造成炉膛燃烧不稳时应投油助燃。

4）泄漏不严重时，锅炉降负荷降压运行，申请停炉，防止泄漏扩大、吹损其他管壁和突发爆管。

5）泄漏严重或无法维持正常汽压、汽温或局部管壁超温严重时，应立即停炉。

6）停炉后，保留一台引风机运行，排出炉内烟气和蒸汽。

7）通知除灰脱硫人员加强输灰管路检查，防止出现堵灰。

4．再热器爆管事故的判断及处理

（1）现象：

1）爆管处有响声，不严密处向外冒烟、冒汽。

2）再热器出口压力下降。

3）再热器两侧汽温偏差增大。

4）再热器两侧烟温差增大，泄漏点后部烟温下降。

5）再热器爆破时，炉膛压力变小或变正。

6）在机组负荷不变时，主蒸汽流量增加，补水量增加。

7）烟气阻力增大，引风机出力增大。

8）炉管泄漏装置可能报警。

资源库 36_再热器泄漏事故处理

（2）原因：

1）蒸汽品质长期不合格，使管内结垢或腐蚀。

2）管材质量差，或安装、检修质量不合格。

3）再热器长期超温运行。

4）飞灰磨损。

5）减温水使用不当，汽温忽高忽低，使再热器管疲劳损伤。

6）启、停炉或甩负荷时，再热器超温或超压。

7）管内有杂物因通汽量小而过热，或受热面积灰、结焦。

8）燃烧调整不当，使局部过热。

9）吹灰器安装不当，或吹灰时吹灰器没退到位，对管壁长时间冲刷。

（3）处理：

1）发现泄漏，立即汇报值长，联系有关人员迅速查明泄漏点及泄漏情况。

2）泄漏不严重时，锅炉降负荷降压运行，申请停炉，防止泄漏扩大、吹损其他管子和突发爆管。

3）泄漏严重无法维持正常汽压、汽温或局部再热器管壁超温严重时，或对邻管有严重威胁时，应紧急停炉。

4）停炉后，保留一台引风机运行，待蒸汽抽尽后停止引风机。

5）通知除灰脱硫人员加强输灰管路检查，防止出现堵灰。

5．防止锅炉承压部件及容器爆漏措施（以 660MW 超超临界机组为例）

（1）保证所有过热器、再热器、PCV 阀、吹灰系统安全阀均经调整合格并投入使用。

（2）启动时，投入高、低压旁路，保证过热器、再热器的冷却。

（3）严格控制升压、升温和降压、降温速度不超过规程规定值，机组运行期间注意监视各受热面管壁温度不得超过其材质允许值。

（4）控制好中间点温度，防止燃水比失调。

（5）要保证分离器、过热器、再热器等压力表指示正确，并定期校对，发现缺陷及时处理。

（6）维持给水温度在设计值运行。如需切除高加运行时，做好措施以避免过热汽温大幅度上升。高加不投时，应适当降低负荷运行。

（7）调整好燃烧，保证火焰无偏斜、无刷墙现象，炉膛水冷壁结渣时，应及时清除，防止大渣掉落砸坏冷灰斗、水冷壁管。

（8）保证减温水随时处于备用状态。减温水投入时，无论是手动还是自动控制，需要遵循的原则是必须保证减温器后的蒸汽温度有 20℃以上的过热度，防止出现水塞。

（9）保证锅炉各部位膨胀自由，无卡涩现象。当膨胀受阻时，应停止升压，待故障消除后，方可继续升压。

（10）配合化学专业保持良好的汽水品质。

（11）一旦发现承压部件爆管应及时停炉处理，防止事故扩大。若因炉膛爆管停炉，可保留一台引风机运行，待炉内蒸汽基本消失后，停止引风机。

（三）锅炉受热面积灰事故的判断及处理

1．锅炉受热面积灰的现象

锅炉受热面严重积灰可在仪表参数上反映出来，即积灰受热面的烟道压差增大。由于受热面严重积灰后，吸热量减少，因此部分受热面的工质出口温度降低，烟气出口温度上升。锅炉积灰最严重的受热面一般是空气预热器。由于热风温度下降，排烟温度将升高，引风机电流上升，引风量不足，严重时只能降低出力运行。

2. 影响锅炉受热面积灰的因素

（1）受热面温度的影响。当受热面温度太低时，烟气中的水蒸气或硫酸蒸气在受热面上发生凝结，会使飞灰粘在受热面上。

（2）烟气流速的影响。如果烟气流速过低，很容易发生受热面堵灰，但流速过高，受热面磨损严重。

（3）飞灰颗粒大小的影响。飞灰颗粒越小，则相对表面积就越大，也就越容易被吸附到金属表面上。

（4）气流工况和管子排列方式的影响。当烟气速度增加时，错列管束气流扰动大，管子上的松散积灰易被吹走，错列管子纵向节距越小，气流扰动就越大，气流冲刷作用越强，管子积灰也就越少；相反，顺列管束中，除第一排管子外，均会发生严重积灰。

3. 低温省煤器积灰

（1）现象：

1）低温省煤器烟气侧差压高报警。

2）低温省煤器出口烟温升高。

（2）原因：

1）烟气含尘量过大，翅片管积灰严重。

2）烟道内部存有障碍物。

3）吹灰周期太长。

（3）处理：

1）降低吹灰时间间隔，增加吹灰频次。

2）加强调整锅炉运行工况。

3）利用停机机会进行内部检查和换热器内部冲洗。

4. 空气预热器积灰

（1）现象：

1）空气预热器烟气侧、空气侧出、入口差压大报警。

2）空气预热器热风出口温度降低，排烟温度及风机电流异常变化。

3）引风机电流增大，炉风量不足，严重时带不满负荷。

资源库 37_空气预热器蓄热元件水冲洗

（2）原因：

1）锅炉受热面或暖风器泄漏，大量湿灰粘在传热元件上。

2）暖风器工作不正常，空气预热器入口空气温度过低，使烟气温度低于露点温度，空气预热器冷端结露黏结了大量灰粒。

3）锅炉长期低负荷运行，烟气流速过低，造成大量积灰。

4）空气预热器受热面中有杂物，造成积灰。

5）空气预热器吹灰器故障或工作不正常，长期不吹灰或吹灰参数偏低导致吹灰效果不良。

（3）处理：

1）发现空气预热器烟气及空气侧出、入口差压增大，应加强吹灰，并及时检查吹灰器的工作情况和吹灰压力，有故障应及时消除。

2）检查暖风器及受热面是否有泄漏，若暖风器泄漏应及时将其解列。

3）若积灰严重，应汇报值长，适当降低机组出力，保持较大的炉膛负压，进行连续吹灰。加强对风机的监视调整，避免失速。

4）若上述处理无效，且严重影响出力，应申请停炉处理。

5）停炉冷却后，对空气预热器进行水冲洗。

（四）锅炉汽包满水、缺水事故的判断及事故处理

1. 锅炉满水

（1）现象：

1）汽包水位指示高于Ⅰ值时，报警；高于Ⅱ值（＋150mm）时报警，并开启紧急放水；高于Ⅲ值（＋250mm）时，MFT动作。

2）所有水位计指示高于正常水位。

3）给水流量不正常地大于蒸汽流量。

4）严重满水时，蒸汽温度急剧下降，伴有水击声，管道阀门和法兰不严密处冒白汽。

（2）原因：

1）给水自动失灵。

2）运行人员误操作或水位监视、设定值不当。

3）给水阀门故障或者汽动给水泵故障时。

4）负荷变动幅度大，调整不及时。

5）水位显示不准，运行人员误判断。

6）水位测点发生故障。

7）汽水共腾，负荷骤增。

8）甩负荷时，安全门动作或对空排汽门开启操作不当，虚假水位现象严重会引起满水。

9）给水管路切换或给水泵切换操作不当。

（3）处理：

1）发现汽包水位高，水位异常时，应对照给水、主汽压力和汽、水流量校对汽包水位计指示是否正确。

2）确认水位高后，判断高水位原因并调整至正常水位。

3）汽包水位高Ⅰ值时，应注意给水自动是否灵敏，必要时切至手动减少给水量。

4）汽包水位高Ⅱ值时，继续关小或关闭给水调整门，并注意紧急放水门是否自动打开，必要时手动开启紧急放水。

5）若汽动给水泵给水阀门故障，应及时消除或切换备用电动给水泵，适当调整负荷，以保证给水泵出力满足水位需要。

资源库 38_锅炉水位事故

资源库 39_锅炉水位高故障处理

6）如主蒸汽温度快速下降，<u>应立即关闭减温水</u>，开旋风分离器及过热器各级疏水，联系汽轮机人员开主汽门前疏水，并做好紧急停机准备。

7）水位至＋250mm时，MFT动作，按相关规定处理，继续加强放水，注意水位的变化。

8）确认锅炉严重满水时应紧急停炉，及时通知汽轮机人员注意汽温变化。

9）注意监视水位变化，待水位恢复正常后停止放水，检查确认其他条件具备，汇报值长，通知汽轮机人员，锅炉重新启动。

2. 锅炉缺水

（1）现象：

1）汽包水位低Ⅰ值（－100mm）、低Ⅱ值（－150mm）时报警，水位低于－250mm时，MFT动作。

2）汽包就地水位计、电接点水位计指示低于正常水位。

3）给水流量不正常小于蒸汽流量（水冷壁、水冷屏或省煤器爆破时，则此现象相反）。

（2）原因：

1）给水自动调节失灵。

2）给水调整门故障或汽动给水泵故障。

3）水位显示或指示不准，运行人员误判断造成误操作。

4）给水泵连锁故障或者电气故障造成给水泵跳闸。

5）排污不当或负荷突变，相应自动跟踪不及时，运行调整不当。

6）给水管道、水冷壁、水冷屏或省煤器爆管。

（3）处理：

1）如果水位下降，且给水压力无异常，则解除给水自动，手动上水，注意监视汽包水位变化。

2）校对水位计，汇报值长，联系汽轮机人员降负荷，锅炉降压运行。

3）确认严重缺水时，若MFT拒动，<u>应立即手动紧急停炉</u>。

4）停炉后，若给水压力正常，且经就地"叫水法"判断为轻微缺水，可向锅炉缓慢进水；否则严禁向锅炉补水，并汇报值长，请示决定上水时间。

5）查明原因，消除故障，按值长命令重新启动锅炉运行。

6）若因承压部件损坏，则按相应故障处理。

7）其他操作按MFT动作后规定处理。

3. 锅炉"叫水法"操作步骤

（1）缓慢开启水位计放水门，水位线有轻微下降，则可判明为轻微满水。

（2）若不见水位下降，可关汽侧门，再关放水门，水位线有轻微上升，则可判明为轻微缺水。

（3）若仍不见水位，可关进水门，打开放水门，水位线有轻微下降，则可判明为严重满水；否则可判为严重缺水。

（五）风烟系统常见事故的判断及处理操作

1. 引风机跳闸

（1）现象：

1）DCS 上有"引风机 A（或 B）跳闸"报警。

2）跳闸引风机电流到零，状态变为"黄闪"，声光报警。

3）若"负荷中心"画面中"快速减负荷 RB"功能投入，DCS 触发"引风机 RB"。

资源库 41_引风机跳闸故障处理

4）对应侧送风机连锁跳闸。

5）炉膛负压大幅度波动，炉膛压力变正，炉火外喷，可能造成燃烧不稳而灭火。

6）另一侧引风机电流大幅增加（投自动时），控制指令达极限。

7）若"引风机 RB"功能触发，机组快速减负荷到负荷目标值。

8）若两侧引风机跳闸，锅炉 MFT 动作。

（2）原因：

1）同侧送风机跳闸。

2）电气保护动作（如变频器重故障等）。

3）事故按钮动作停机。

4）机械故障。

5）厂用电源系统故障。

（3）处理：

1）若"引风机 RB"功能触发，机组按"引风机 RB"功能快速减负荷至 50%～60%额定负荷，否则，按"引风机 RB"功能处理原则，手动快速减负荷至 50%～60%额定负荷，投 AB 层油枪或 A 层或 B 层等离子系统稳燃运行，减煤、降负荷、调整燃烧，调整送风量维持炉膛负压，密切监视并调整主汽温、再热汽温、汽压、汽包水位在正常范围内，防止锅炉灭火。

2）对应侧送风机连锁跳闸，运行侧引风机 B（或 A）入口调节挡板开度（转速）自动增加，但要防止引风机 B（或 A）过电流，加强运行侧风机的检查。

3）运行侧送风机 B（或 A）动叶开度自动增加，检查风量、氧量应正常，调整炉膛负压在正常范围内。

4）联系检修人员，查明原因，尽快消除。引风机跳闸，如是变频器重故障跳闸，变频器故障无法在短时间内消除时，则应将引风机切至工频方式后，重新启动引风机运行。

资源库 42_送风机跳闸故障处理

5）若两台引风机故障停止运行时，锅炉 MFT 动作，立即按紧急停炉处理，汇报值长。

2. 送风机跳闸

（1）现象：

1）DCS 上有"送风机 A（或 B）跳闸"报警。

2）跳闸送风机电流到零，状态变为"黄闪"，声光报警。

3）若"负荷中心"画面中"快速减负荷 RB"功能投入，DCS 触发"送风机 RB"。

4）对应侧引风机连锁跳闸，运行侧引风机电流增大（投自动时）。

5）锅炉氧量变小，二次风量变小，炉膛负压大幅度波动，炉膛火焰发红、变暗，烟气含氧量大幅下降，飞灰含碳量增加。

6）锅炉主、再热汽温下降。

7）若"送风机 RB"功能触发，机组快速减负荷到负荷目标值。

8）若两侧送风机跳闸，锅炉 MFT 动作。

（2）原因：

1）同侧引风机跳闸。

2）电气保护动作。

3）事故按钮动作停机。

4）机械故障。

5）厂用电源系统故障。

（3）处理：

1）若"送风机 RB"功能触发，机组按"送风机 RB"功能快速减负荷至 50％～60％额定负荷，否则，按"送风机 RB"功能处理原则，手动快速减负荷至 50％～60％额定负荷，投 AB 层油枪或 A 层或 B 层等离子系统稳燃运行，减煤、降负荷、调整燃烧，调整送风量维持炉膛负压，密切监视并调整主汽温、再热汽温、汽压、汽包水位在正常范围内，防止锅炉灭火。

2）对应侧引风机连锁跳闸，运行侧送风机 B（或 A）动叶调节开度自动增加，检查风量、氧量应正常，但要防止送风机 B（或 A）过电流，加强运行侧风机的检查。

3）运行侧引风机 B（或 A）入口调节挡板开度（转速）自动增加，检查风量、氧量正常，调整炉膛负压在正常范围内。

4）在减负荷过程中，注意汽温、汽压、汽包水位的变化，及时调整减温水量，保持汽温的稳定。

5）联系检修人员，查明原因，尽快消除后，重新启动送风机运行。

6）若两台送风机故障停止运行时，锅炉 MFT 动作，立即按紧急停炉处理，汇报值长。

3．一次风机跳闸

（1）现象：

1）DCS 上有"一次风机 A（或 B）跳闸"声光报警。

2）跳闸一次风机电流到零，状态变为"黄闪"，声光报警。

3）若"负荷中心"画面中"快速减负荷 RB"功能投入，DCS 触发"一次风机 RB"。

资源库 43_一次风机跳闸故障处理

4）一次风压迅速降低，一次风量减小，磨煤机通风量减少，风压降低，磨煤机可能因入口风量低保护动作跳闸。

5）锅炉主、再热汽温下降，汽包水位先低后高。

6）一次风压大幅降低，炉膛负压大幅度波动，引风机电流变小（投自动时）。炉膛燃烧急剧恶化，火焰发红、变暗，烟气含氧量大幅下降，飞灰含碳量增加。燃烧调整不当时，可能导致锅炉熄火。

7）若"一次风机 RB"功能触发，机组快速减负荷到负荷目标值。

8）若两侧一次风机跳闸，锅炉 MFT 动作。

（2）原因：

1）电动机故障。

2）机械部分故障。

3）厂用电源系统故障。

4）误动事故按钮。

5）热工保护动作。

（3）处理：

1）若"一次风机 RB"功能触发，检查 RB 动作正常，机组按"一次风机 RB"功能快速减负荷至 50％～60％额定负荷，否则，按"一次风机 RB"功能处理原则，手动快速减负荷至 50％～60％额定负荷。

2）注意燃烧工况，燃烧不稳时，及时对角投入 AB 层两支油枪或投 A 层或 B 层等离子系统稳燃，注意检查油枪着火正常或等离子运行正常。

3）协调控制系统切手动，燃料自动切手动，紧急停最上层磨煤机，保留下三层磨煤机，并手动降低上层运行磨煤机的一次风量和煤量。视一次风压情况，继续投油或投等离子点火系统，紧急停磨或减煤，保留两台磨煤机运行。

4）在快减负荷和快切燃料的同时，检查并确认跳闸一次风机电流到零，出口风门、出口热风门、出口冷风门联关，运行侧一次风机 B（或 A）入口调节挡板开度（转速）自动增加，但要防止一次风机 B（或 A）过电流。检查并确认打开一次风机出口联络电动挡板门，维持一次风压在正常范围内。

5）快速减负荷至 165MW 左右，及时调整锅炉氧量和炉膛风压在正常范围内，关小停运煤层的周界风和相邻的辅助风门。

6）在快减负荷和快切燃料时，尽量维持能量平衡，注意控制主汽压力上升速度，防止汽包产生虚假水位，及时调整汽包水位在正常范围内。

7）注意汽温变化趋势，提前关闭各减温水，调整汽温在正常范围内。

8）加强运行侧风机的检查，防止高负载引起的轴承振动、电机超载、过电流。

9）确认跳闸一次风机首出原因，汇报值长。

10）若处理过程中锅炉灭火，按锅炉灭火事故处理。

11）查明原因，待故障消除后，恢复机组正常工况运行。

12）若两台一次风机故障停止运行，锅炉 MFT，按紧急停炉处理，汇报值长。

4. 空气预热器故障跳闸

（1）现象：

1）因机械卡涩时，就地机械转动部分有剧烈的摩擦、撞击声。

2）空气预热器主电机电流摆动或不正常地增大，升高后趋于最大值，甚至过电流保护动作跳闸。

3）空气预热器跳闸时，事故声光报警，电流到零，DCS 画面显示空气预热器跳闸。

4）集控室 DCS 上"空气预热器停转"报警装置动作，该空气预热器停止。

5）单侧空气预热器跳闸，机组运行方式投协调时，RB 保护动作。

6）跳闸停运侧一、二次风热风温度急剧下降，跳闸停运侧排烟温度急剧上升。

7）两台空气预热器同时跳闸时，则 MFT 动作。

（2）原因：

1）机械部分故障，转子与外壳卡涩，过负荷引起电机跳闸。

2）空气预热器导向轴承或支持轴承损坏。

3）空气预热器减速机内部传动连接部分故障。

4）空气预热器齿轮油泵故障。

5）电气部分故障跳闸。

6）事故按钮动作或人为误操作。

7）空气预热器热工保护动作。

8）密封过紧或异物卡住密封间隙。

9）厂用电中断，辅助电机联动不成功。

（3）处理：

1）单侧空气预热器主电机故障跳闸，辅助电机自动启动或强合成功时，监视辅助电机运行情况，查明故障原因并处理，故障消除后恢复主电机运行。

2）单侧空气预热器跳闸前如无电流过大或机械卡涩现象，应将开关复位并重合一次，成功，则恢复正常运行。

3）如重合不成功，关闭空气预热器出、入口风烟挡板，并就地检查：

①辅助驱动电机是否联动。

②主传动装置是否故障。

③运行参数是否正常。

④空气预热器停止，辅助驱动电机无法启动时，做好安全措施，通知检修人员立即到就地用手动盘车手柄盘转空气预热器，人工盘车检查。

4）当人工盘车灵活及主传动装置正常时。

①合主驱动电机，成功则正常运行。

②合主驱动电机不成功则合辅助驱动电机，并要求电气检修人员尽快恢复主驱动电机。抢修期间，检修人员应组织人工盘车。

③若合主、备用驱动电机都不成功，单侧空气预热器主、辅助电机均跳闸无法启动时，将锅炉控制切为手动，紧急减负荷至 50%～60% 额定负荷。立即调整引、送风机和一次风机，使炉膛负压和一次风压正常。关闭空气预热器进口烟门和出口热风门。处理过程中应注意调整燃烧，投入等离子点火系统或油枪稳定燃烧，手动调整汽温、汽压、水位正常。单侧空气预热器跳闸后短时间不能恢复运行时，应申请停炉处理。

5）若机械部分故障，人工盘车无效时，关闭空气预热器出、入口风烟挡板，联系检修人员处理。

6）人工盘车无效时，关闭烟气入口挡板，排烟温度仍上升至250℃时，应立即汇报值长紧急停炉，手动MFT。

7）若减速机故障引起转子不转动，则应停止相应侧空气预热器驱动电机运行，关闭空气预热器进出口烟风挡板，机组按空气预热器单侧运行，若负荷大于50%BMCR，立即手动减负荷至50%额定负荷运行，通知检修人员立即到就地用手动盘车手柄盘转空气预热器，维持空气预热器转动直至减速机故障消除后启动空气预热器，恢复机组正常运行。

8）若厂用电中断，当辅助电机联动成功时，辅助电机维持空气预热器转动，故障消除后启动空气预热器主电机，恢复机组正常运行。当辅助电机联动不成功时，机组按空气预热器单侧运行，若负荷大于50%BMCR，立即手动减负荷至50%额定负荷运行，通知检修人员立即到就地用手动盘车手柄盘转空气预热器，维持空气预热器转动直至减速机故障消除后启动空气预热器，恢复机组正常运行。

9）若单侧空气预热器跳闸导致MFT保护动作时，按紧急停炉处理。故障消除后，做好机组重新启动的准备工作。

10）若两台空预热器主电机同时跳闸，则MFT保护动作，按紧急停炉处理，汇报值长。故障消除后，做好机组重新启动的准备工作。

（六）制粉系统常见事故的判断及事故处理操作

1. 立即手动停止制粉系统的情况

遇有下述情况保护没动作，应立即手动停止制粉系统运行：

（1）锅炉MFT。

（2）制粉系统发生爆炸，危及人身安全。

（3）磨煤机着火危及设备安全。

（4）磨煤机发生严重振动。

（5）电气设备故障，需立即停止制粉系统运行。

（6）电网或电气故障突然减负荷。

（7）RB动作，负荷自动不减。

（8）磨煤机达到跳闸条件而保护拒动时。

2. 磨煤机堵煤（以中速磨为例）

（1）原因：

1）磨煤机风量控制不当，风量过小，给煤量太多。

2）磨煤机出口挡板未开足或被误关。

3）磨热风隔绝挡板、调节挡板开度不足，导致磨入口干燥介质温度降低，磨出力下降。

资源库45_磨煤机堵塞故障处理

4）磨盘、磨辊磨损严重或碾磨力调整不当。

5）石子煤斗未按时清理而堵塞，造成风室内大量积煤。

6）石子煤刮板掉，导致石子煤排不出。

7）入炉煤太潮。

8）磨内进入异物。

9）磨消防灭火蒸汽门误开或内漏，蒸汽漏入磨内导致磨干燥出力下降。

（2）现象：

1）磨煤机入口风量低。

2）磨煤机出口风速低。

3）磨煤机电流大。

4）磨煤机磨碗差压大报警。

5）磨煤机火检在低负荷时闪。

6）磨煤机出口温度低。

（3）处理：

1）立即加强清理石子煤。

2）减少给煤量，适当增加通风量，必要时停止给煤机运行。

3）立即将磨煤机出口挡板全开或将误关的挡板打开。

4）处理过程中，要做好磨煤机突然疏通，大量煤粉进入炉膛，汽温、汽压、中间点温度迅速上升的事故预想。

5）关闭误开的消防灭火蒸汽门。

6）若上述处理无效时，应停用给煤机和磨煤机。做好安全措施，联系制粉维护人工清理。

3. 磨煤机出口温度过高或过低

（1）原因：

1）磨煤机内部发生自燃。

2）热风或冷风调节器故障。

3）磨煤机出口温度控制器故障。

4）给煤太湿。

资源库 46_磨煤机着火故障处理

（2）处理：

1）若磨煤机出口温度不正常地升高是由于着火引起的，按磨煤机着火处理。

2）若磨煤机出口温度过低是煤太湿引起的，应适当减少给煤量，开大热风调节挡板，关小冷风调节挡板或适当调整磨煤机出口温度设定值。

3）若是调节器或控制器故障所引起的磨煤机出口温度不正常，应立即切温度自动为手工调节，控制出口温度正常，联系检修人员处理。

4. 磨碗压差过大（以中速磨为例）

（1）原因：

1）磨煤机过负荷或给煤量运行异常。

2）煤粉细度太细。

3）压力开关堵塞或泄漏。

4）磨煤机的风量太小。

（2）处理：

1）适当减少给煤量并根据磨煤机电流、出口温度等参数综合分析磨煤机是否满煤。

2）检查给煤机运行是否正常。

3）联系检修人员检查压力开关是否正常。

4）检查磨煤机风量控制是否正常。必要时切至手动，加大风量运行。

5）联系制粉维护人员，加强石子煤的排放。

5.给煤机跳闸

（1）现象：

1）给煤机跳闸报警。

2）总给煤量下降。

3）汽温、汽压下降。

4）给煤机转速到最小，给煤量到零。

资源库 47_给煤机
跳闸故障处理

（2）原因：

1）磨煤机跳闸或紧急停止。

2）MFT 指令。

3）电气故障。

4）给煤机出口落煤管堵塞。

（3）处理：

1）检查磨煤机风量和出口风温调节装置自动地切为"手动"，检查并确认热风调节挡板关闭，适当开大冷一次风调节挡板，维持磨煤机出口温度正常。

2）立即增大其他给煤机转速，尽量保持总煤量和机组负荷不变。

3）检查给煤机跳闸原因，联系检修人员处理。

4）给煤机处理好后，开热风隔绝挡板及调节挡板暖磨，做好给煤机恢复准备。

5）如短时间内不能恢复启动，则停运相应的磨煤机。

6.给煤机出口落煤管堵

（1）现象：

1）给煤机堵煤报警，给煤机跳闸。

2）磨煤机出口温度快速上升。

3）磨碗差压下降。

4）密封风压/一次风压差压上升。

资源库 48_给煤
机堵煤故障处理

5）磨煤机电流减小。

（2）原因：

1）原煤中有"三大块"（木块、铁块、石块）等杂物。

2）原煤水分过大。

3）给煤机出口挡板未开到位或误关。

（3）处理：

1）如给煤机未跳，则手动停给煤机。

2）检查给煤机出口挡板是否开启。

3）让磨煤机空载运行一段时间，观察给煤机密封风压，判断落煤管是否畅通。

4）上述措施无效时，停磨煤机，做好安全措施，通知检修人员清理落煤管。

（七）脱硝系统常见事故的判断及处理操作

1. SCR 故障停运条件

（1）锅炉 MFT。

（2）反应器入口烟气温度小于 310℃或大于 420℃。

（3）反应器出口氨逃逸率高于 $3\mu L/L$。

（4）氨和空气混合物中氨体积浓度大于 8%。

（5）发现危及人身、设备安全的因素。

2. 脱硝效率低

（1）现象：

1）脱硝效率小于 80%。

2）反应器出口 NO_x 含量排放超标，NO_x 折算浓度（6%含氧量，干烟气）不小于 $100mg/m^3$（标准状态下）。

（2）原因：

1）氮氧化物分析仪测量误差。

2）喷入氨气量偏少。

3）喷入氨气不均。

（3）处理：

1）加大喷氨量。

2）调整各喷氨分门，使喷氨均匀。

3）调整锅炉过量空气系数，保证合适的总风量。

3. 催化剂或空气预热器差压高

（1）原因：

1）差压测量仪表不准。

2）氨逃逸高造成生成大量硫酸氢铵，堵塞催化剂或空气预热器。

（2）处理：

1）检查并确认声波吹灰器投运正常。

2）缩短反应区蒸汽吹灰器投运周期。

3）增加空气预热器吹灰次数。

4）检查蒸汽吹灰器暖管疏水应正常。

5）通知热控人员检查表计是否正常。

4. 氨气泄漏的处理

（1）氨系统泄漏应遵循"先控制"（控制扩散区域和中毒人员），"后处置"（疏散救人、处置毒源）和"救人第一"的原则。

（2）发生氨气泄漏时及时通知相关领导和部门，撤离受影响区域所有无关人员。

（3）在保证安全的情况下，及时清理所有可能燃烧的物品及阻碍通风的障碍物，保持泄漏区域通风顺畅。

（4）启动现场的水喷淋系统来稀释泄漏的氨气，启动废水泵。

（5）人员进入事故处理现场前，要有人监护，必须穿防化服、防化手套、防化鞋、防毒面罩、正压式呼吸器等必要防护用品，从上风向接近泄漏点。

（6）立即隔离所有泄漏点，结合运行实际情况，可对液氨储罐内液氨进行倒灌操作。

（7）若泄漏量大，现场无法进行操作，则应紧急撤离，汇报上级，启动泄漏处理预案。

（八）锅炉挡板及阀门卡涩事故的判断及处理

1．一次风机动叶卡涩

（1）原因：

1）机械故障。

2）一次风机液压油压低。

（2）现象：投入自动时动叶开关指令与反馈不一致；手动状态下一次风机动叶开关不动，挡板开关风量无变化；风机电流无变化。

（3）处理：

1）根据风量需要调整对侧一次风机动叶开度。

2）汇报机组长、值长，通知检修人员查明原因，尽快消除故障。

2．引风机静叶卡涩故障

（1）原因：机械故障。

（2）现象：投入自动时静叶开关指令与反馈不一致；手动状态下引风机静叶开关不动；调节静叶时炉膛负压无变化；引风机电流不变。

（3）处理：

1）调整对侧引风机静叶开度，控制炉膛负压正常。

2）汇报值长，联系相关人员查明原因，尽快消除故障。

3．送风机进口动叶卡涩

（1）原因：

1）机械故障。

2）送风机调节油压低。

（2）现象：投入自动时动叶开关指令与反馈不一致；手动状态下送风机动叶开关不动，动叶开关风量无变化；风机电流无变化。

资源库 49_送风机动叶卡涩故障处理

（3）处理：

1）根据风量需要调整另外一侧送风机动叶开度。

2）汇报机组长、值长，通知检修人员查明原因，尽快消除故障。

4. 过热器一级减温水调节阀卡涩

（1）现象：

1）"主汽温度高"报警，过热汽温指示升高，过热器一级减温水调节阀指令与反馈不一致。

2）手动开关过热器一级减温水调节阀无效，减温水流量无变化。

（2）处理：

1）将二级减温水和三级减温水自动调节切至手动，增大减温水量，控制主汽温不超限。

2）加强监视全大屏过热器壁温。

3）若全大屏过热器壁温超限，应调整燃烧，适当增加下层磨出力，减小上层磨出力。下摆煤粉燃烧器，降低火焰中心。

4）合理调整锅炉配风，调节辅助风门：开大上排二次风门开度，关小下排二次风门开度。在保证锅炉安全燃烧的情况下，适当降低总风量。

5）上述调整方法无效时，切除上层制粉系统，降低锅炉负荷，直至蒸汽温度、管壁温度恢复正常。

6）适当提高主汽压力，提高给水压力。

7）经上述处理，减温水已开到最大值，主汽温仍超温，全大屏过热器管壁仍超温，难以维持正常运行，危及受热面安全，有爆管的可能，则汇报值长，申请停炉。

5. 过热器烟气挡板卡涩（全关，以 660MW 超超临界机组为例）

（1）现象：

1）过热蒸汽温度下降。

2）再热蒸汽温度上升。

3）炉膛负压变正。

4）过热器烟气挡板卡涩，在全关位。

（2）原因：过热器烟气挡板全关卡涩。

（3）处理：

1）全开再热烟气挡板。

2）关闭过热器减温水总门，尽可能提高并维持主蒸汽温度。

3）适量增大再热器微量喷水，密切监视再热蒸汽温度，若温度较高可打开再热器事故喷水。

4）降负荷运行，及时减小燃料量，调整一、二次风量及上下二次风比例。

5）若主蒸汽温度进一步降低至规定值，开启主蒸汽管道疏水。

6）蒸汽温度超过规定值，经采取措施无效，请示停炉。

（九）循环流化床锅炉床温、床压过高或过低事故的判断及处理

1. 床温过高或过低的判断及处理

（1）现象：

1）炉内各温度测点显示温度高于或低于正常值。

资源库 50_流化床锅
炉床温高故障处理

2）床温高或低报警。

3）床温高时从就地观察孔看到炉内火焰明亮，床温低时炉内火焰发暗。

4）床温高时炉内局部结焦引起流化不良。严重时会造成大面积结焦，冷渣器排不出渣或排渣有焦块。

5）床温低时易使燃烧不稳，炉膛负压波动大。

6）炉内局部结焦时，炉膛内床温测点偏差大。

7）床温过高或过低时，烟气含硫量增大。

（2）原因：

1）床温热电偶测量装置故障。

2）给煤机运行不正常，给煤量过多或过少；煤泥加入系统工作不正常。

3）风煤配比失调。

4）排灰、渣量过多或过少。

5）燃煤品质与锅炉设计煤种偏差大，煤质变化大，燃煤粒度严重超标。

（3）处理：

1）床温高处理。判断床温高的原因，若个别测点异常偏高，首先检查热工测点是否故障并采取相应措施，若多个床温测点较正常偏高，应采取以下措施。

①若床温达到970℃时，减少给煤量或停用煤泥掺烧系统，使床温恢复至850～930℃范围内运行。

②合理调整风煤配比，适当增加总风量。

③检查给煤机有无异常，若有异常应采取相应措施。

④如炉膛上部差压偏低，应停止运行冷灰器，控制炉膛上部差压正常，增加循环灰量。

⑤控制床压在正常范围，如冷渣器发生故障应及时联系检修人员处理。

⑥调整无效时应申请降负荷运行。

2）床温低处理。

①检查床温测点，判断指示的准确性，若属测点故障应联系检修人员处理。

②如给煤机故障，应按给煤中断的方法处理，及时恢复。

③合理调整一、二次风及风煤配比，适当减小一次风量，但应保证炉内流化良好。

④如炉膛上部差压偏高，应增加冷灰器出力，控制炉膛上部差压正常，减少循环灰量。

⑤根据负荷情况适当增加给煤量以提高床温。

⑥床温过低使燃烧不稳时，应及时投油稳燃。

⑦调整无效时应申请降负荷运行。

⑧如MFT动作，则按MFT动作处理。

2. 床压高或低的判断及处理

（1）现象：

1）DCS上显示床压高或低。

2）水冷风室风压过高或过低。

（2）原因：

1）床压测点故障。

2）冷渣器排渣量过大或过小。

3）冷渣器进渣管堵。

4）排渣系统故障停运。

5）石灰石给料量或给煤量不正常。

6）流化风量不正常。

7）煤质变化过大。

8）炉内结焦，流化不均。

9）锅炉增减负荷过快，调节不及时。

10）返料不正常。

（3）处理：

1）如床压测点故障，应及时联系热工进行处理，恢复正常。

2）床压过高时，应加大炉膛排灰、渣量；床压过低时，应减少炉膛排灰、渣量。必要时加大石灰石给料量或启动加床料系统向炉内加床料。

3）若由于输渣系统故障短时无法恢复时，应及时联系检修人员开启事故排渣，以维持床压。

4）若经以上处理后床压仍继续上升至 16kPa，应汇报值长降低锅炉负荷，适当提高炉膛负压运行，必要时投油助燃。

5）一次风室放渣后，风室压力大于 18kPa 并维持上升趋势时应汇报值长，请示停炉。

（十）循环流化床锅炉床面结焦事故的判断及事故处理

（1）现象：

1）炉床温分布显示极不均匀，偏差较大，一只或几只热电偶温度指示与平均值差值较大。

2）床压分布显示极不均匀，一个或几个床压指示值是静态读数不是正常运行中的波动读数。

資源库 51_流化床
锅炉结焦故障处理

3）锅炉燃烧不稳，汽温、汽压波动大，氧量指示下降。

4）从窥视孔可见渣块，床料在炉内流化不良，流化床颜色过暗。

5）严重结焦时，排渣不畅。

6）在床压正常情况下，水冷风室压力增大。

7）严重时负压不断增大，一次风机电流下降。

（2）原因：

1）锅炉床温过高或床料熔点过低。

2）锅炉运行中，长时间风、煤配比不当。

3）一次流化风量过低，造成床料流化不均。

4）锅炉启动前，流化风帽堵塞过多、流化风帽变形或有杂物留于炉内。

5）启动过程中底料可燃物含量过多或点火升压过程中煤量加入过快过多，大量未完全燃烧的煤颗粒积存在一起而突然爆燃。

6）煤质变化过大或入炉给煤量突变。

7）停炉过程中，燃料未燃烧完全，析出焦油造成低温结焦。

8）返料器返料不正常或堵塞。

9）负荷增加过快，操作不当。

10）床温表计不准或不灵，造成运行人员误判断。

（3）处理：

1）发现床温不正常升高，综合其他现象判断有结焦可能时，应加大一次风量、下二次风量。

2）加强排渣，并减少给煤量，以控制结焦恶化。

3）床面轻微结焦，通过加石灰石或砂（高温结焦加石灰石，低温结焦加砂）置换床料，在允许范围内降低床压，把流化不好的床料及时排出。

4）适当降低床温，特别是在启动过程中投煤时应注意床温不得急剧上升。

5）调整一、二次风的配比和给煤量，防止缺氧燃烧。

6）经调整无效时，应请示停炉处理。

7）停炉后，彻底检查各流化风帽堵塞情况，清除炉内结焦，查明结焦原因，重新做平料试验合格后方可重新启动。

（4）防范措施：

1）防止启动过程结焦的主要措施有下面几个。

①启动前加强对风帽的检查，杜绝小孔堵塞的情况，加床料后认真进行流化试验，确认床面平整无凸起或凹陷。

②启动床料的粒度和厚度要符合规定，床料不能太少，不能太细，不能将回料阀内放出的细料作为启动床料加到布风板上。

③床压过低时禁止投煤，必须先补充床料。

④严格执行最低投煤温度的规定，达不到规定的床温不能投煤。

⑤严格按规程规定的要求进行投煤操作，先脉动给煤再连续给煤，投煤后必须通过氧量、床温、汽压等参数确认煤已着火才能继续投煤，严禁投煤过多过快或在投煤后参数没有明显变化的情况下连续投煤。

⑥要确保风量测量准确可靠，尤其是一次风量的测量。投煤前一次风量可以低于临界流化风量，但投煤后必须使一次风量高于临界流化风量并留有一定的裕度，以确保安全。

2）防止正常运行过程结焦的主要措施。

①严格控制床温，不但控制床温平均值，对每一个测点的具体值也要加强监视，一旦超出标准或发生异常变化要立即采取措施处理，调整无效要及时减负荷。

②正确控制一次风量，尤其在低负荷时不可使一次风量过低，这里既要考虑到风量

测量的误差，又要考虑到锅炉长期运行后风帽小孔磨损不均匀、风帽磨穿、风帽脱落等原因造成的布风不均匀的问题。

③运行人员必须了解入炉煤煤质的情况，当入厂煤种发生重大变化时必须及时通知运行人员，对于高发热量、低灰分、黏结性强的煤种，一次风量要略高一些。

④运行人员要加强对锅炉燃烧状况的检查，通过各处看火孔和检查孔一旦发现焦块或局部流化不良，要及时增大一次风量，以加强流化使焦块破碎。

⑤控制好运行中料层厚度，尽量维持床压在 4～5kPa 运行。

如果出现一次风量突然增大同时布风板下风室压力降低的情况，并且有局部床温测点超过 1050℃ 时间较长或从看火孔能发现局部已经不能流化，经加大一次风量加强流化无效时，应立即断煤停炉。

四、完成任务

登录相关的发电机组仿真平台，严格按照任务提纲完成对锅炉事故的判断方法和事故处理方法的学习。

（1）通过学习，掌握炉膛结焦事故产生的原因，掌握事故的判断方法，熟练处理事故，能够通过分析事故原因，制订可行性预防措施。

（2）通过学习，掌握锅炉四管泄漏事故产生的原因，掌握事故的判断方法，熟练处理事故，能够通过分析事故原因，制订可行性预防措施。

（3）通过学习，掌握锅炉受热面积灰事故产生的原因，掌握事故的判断方法，熟练处理事故，能够通过分析事故原因，制订可行性预防措施。

（4）通过学习，掌握锅炉汽包满水、缺水事故产生的原因，掌握事故的判断方法，熟练处理事故，能够通过分析事故原因，制订可行性预防措施。

（5）通过学习，掌握风烟系统常见事故产生的原因，掌握事故的判断方法，熟练处理事故，能够通过分析事故原因，制订可行性预防措施。

（6）通过学习，掌握制粉系统常见事故产生的原因，掌握事故的判断方法，熟练处理事故，能够通过分析事故原因，制订可行性预防措施。

（7）通过学习，掌握脱硝系统常见事故产生的原因，掌握事故的判断方法，熟练处理事故，能够通过分析事故原因，制订可行性预防措施。

（8）通过学习，掌握挡板及阀门卡涩事故产生的原因，掌握事故的判断方法，熟练处理事故，能够通过分析事故原因，制订可行性预防措施。

（9）通过学习，掌握循环流化床锅炉床温、床压过高或过低事故产生的原因，掌握事故的判断方法，熟练处理事故，能够通过分析事故原因，制订可行性预防措施。

（10）通过学习，掌握循环流化床锅炉床面结焦事故产生的原因，掌握事故的判断方法，熟练处理事故，能够通过分析事故原因，制订可行性预防措施。

五、任务评价

根据工作任务的完成情况，对照评价项目和技术标准规范，逐项评价，确定技能水平和改进的要求。任务评价表见表 4-2-1。

表 4 - 2 - 1　　　　　　　　　　任 务 评 价 表

内　　容		评　　价	
学习目标	评 价 目 标	个人评价	教师评价
知识目标	炉膛结焦事故产生的原因及判断方法		
	锅炉四管泄漏事故产生的原因及判断方法		
	锅炉受热面积灰事故产生的原因及判断方法		
	汽包满水、缺水事故产生的原因及判断方法		
	风烟系统常见事故产生的原因及判断方法		
	制粉系统常见事故产生的原因及判断方法		
	脱硝系统常见事故产生的原因及判断方法		
	挡板及阀门卡涩事故产生的原因及判断方法		
	循环流化床锅炉床温、床压过高或过低事故产生的原因及判断方法		
	循环流化床锅炉床面结焦事故产生的原因及判断方法		
技能目标	熟练处理炉膛结焦事故		
	熟练处理锅炉四管泄漏事故		
	熟练处理锅炉受热面积灰事故		
	分析锅炉受热面积灰原因，制订预防措施		
	熟练处理锅炉汽包满水、缺水事故		
	熟练处理风烟系统常见事故		
	分析风烟系统常见事故原因，制订预防可行性措施		
	熟练处理制粉系统常见事故		
	分析制粉系统常见事故原因，制订可行性预防措施		
	熟练处理脱硝系统常见事故		
	分析挡板、阀门卡涩原因，制订预防措施		
	熟练处理循环流化床锅炉床温、床压过高或过低事故，制订可行性预防措施		
	熟练处理循环流化床锅炉床面结焦事故		
	分析循环流化床锅炉床面结焦事故原因，制订可行性预防措施		
素质目标	沟通能力		
	团队合作能力		
	方法创新能力		
	突发事件处理能力		
改进要求			

六、 课后练习

（1）炉膛结焦的原因有哪些？

（2）省煤器泄漏的原因有哪些？

（3）水冷壁爆管的原因有哪些？

（4）过热器爆管的原因有哪些？

（5）锅炉满水和缺水的原因有哪些？

（6）在哪些情况下保护没有动作，应立即手动停止制粉系统运行？

（7）氨气泄漏的处理原则是什么？

（8）循环流化床锅炉床面结焦的原因有哪些？

（9）如何防止启动过程中循环流化床床面结焦？

（10）如何防止正常运行过程中循环流化床床面结焦？

工作任务三　汽轮机系统典型事故处理

事故预防和控制是发电厂安全生产的必然发展方向，努力提高人的综合素质是朝着这一方向实现的最有效途径，其中提高人的事故处理能力则是提高运行人员综合素质的重要内容，主要包括：具有必备的专业知识和事故处理能力；一定的事故处理经验；事前有针对性的事故预想；逼真的反事故演习；良好的个人心理素质等内容。

一、任务描述

汽轮机的事故是多种多样的，其发生的原因也是多方面的。除了由于设备结构、材料、制造时存在缺陷，安装检修质量不良等原因外，有很多事故是由于运行维护不当而造成的。常见的典型事故有汽轮机超速、大轴弯曲、通流部分损坏、轴瓦烧损、叶片断裂、凝汽器真空下降、油系统工作失常、汽轮机进水、油系统着火、给水泵故障、凝结水泵故障、汽轮机振动异常等。任务描述如下：

（1）学习真空系统常见事故产生的原因，学习事故的判断方法和事故处理方法，通过分析事故原因，制订可行性预防措施。

（2）学习汽轮机水冲击事故产生的原因，学习事故的判断方法和事故处理方法，通过分析事故原因，制订可行性预防措施。

（3）学习汽轮机振动事故产生的原因，学习事故的判断方法和事故处理方法，通过分析事故原因，制订可行性预防措施。

（4）学习汽轮机轴承损坏事故产生的原因，学习事故的判断方法和事故处理方法，通过分析事故原因，制订可行性预防措施。

（5）学习汽轮机润滑油系统常见事故产生的原因，学习事故的判断方法和事故处理方法，通过分析事故原因，制订可行性预防措施。

（6）学习 DEH 系统常见事故产生的原因，学习事故的判断方法和事故处理方法，通过分析事故原因，制订可行性预防措施。

（7）学习汽轮机动静摩擦事故产生的原因，学习事故的判断方法和事故处理方法，通过分析事故原因，制订可行性预防措施。

（8）学习回热抽汽系统常见事故产生的原因，学习事故的判断方法和事故处理方法，通过分析事故原因，制订可行性预防措施。

（9）学习凝结水系统常见事故产生的原因，学习事故的判断方法和事故处理方法，通过分析事故原因，制订可行性预防措施。

（10）学习给水系统常见事故产生的原因，学习事故的判断方法和事故处理方法，通过分析事故原因，制订可行性预防措施。

（11）学习发电机密封冷却系统常见事故产生的原因，学习事故的判断方法和事故处理方法，通过分析事故原因，制订可行性预防措施。

（12）学习循环水系统常见事故产生的原因，学习事故的判断方法和事故处理方法，通过分析事故原因，制订可行性预防措施。

（13）学习机组旁路系统常见事故产生的原因，学习事故的判断方法和事故处理方法，通过分析事故原因，制订可行性预防措施。

二、 任务分析

事故发生时应最大限度地缩小事故范围，确保非故障设备的正常运行，通过检查、分析事故现象判断事故原因并进行处理操作；遇到自动装置故障时，操作人员应正确判断，及时将有关自动装置切至手动，及时调整，维持机组参数正常，防止事故扩大；事故处理完毕，运行人员应实事求是地把事故发生的时间、现象及所采取的措施，详细记录在值班记录中，下班后立即召集有关人员对事故原因、责任及以后应采取的措施认真讨论、分析原因，总结经验，从中吸取教训。

通过本次任务的学习，可以掌握汽轮机常见事故产生的原因，学会汽轮机常见事故的判断方法及事故的处理操作；能够通过分析事故原因，制订有效的预防措施，维持机组高效、正常、稳定的生产。

三、 相关知识

（一）真空系统常见事故的判断及事故处理

1. 凝汽器真空下降

资源库 52_真空下降

凝汽器真空下降的主要危害：真空下降不仅使机组的经济性降低，严重时可能造成低压缸末级叶片发生振动、转子振动等异常，甚至造成汽轮机损坏事故。

（1）现象：真空下降，低压缸排汽温度升高；机组负荷减少；轴向位移增大；负荷不变时主蒸汽流量增大。

（2）原因：

1）循环水中断或水量不足。

2）循环水入口温度升高。

3）轴封供汽不足或中断、真空系统泄漏。

4）凝汽器水位高。

5）轴封加热器水封破坏。

6）真空泵故障或真空泵出力下降。

7）真空系统阀门操作不当或误操作。

8）真空破坏门误开或真空破坏门水封异常。

9）低压缸安全门薄膜破损。

10）凝汽器进入大量非正常运行汽水。

11）凝汽器钢管脏污或大量钢管堵塞。

（3）真空缓慢下降处理：

1）发现真空缓慢下降时，应首先核对有关表计并迅速查明原因立即处理，同时汇报值长。

2）提高轴封供汽压力，启动备用真空泵、备用循环水泵，凝汽器水位高时降低其水位，尽量减缓真空下降速度。

3）真空降至87.7kPa时，可带额定负荷，如继续降低，应按真空每降1kPa减负荷100MW，真空降至81kPa时，负荷到0MW，真空降至75.7kPa时，应检查低真空保护动作是否正常，否则应手动打闸。关闭高、低压旁路，主、再热蒸汽管道所有疏水，严禁向凝汽器排汽水。

4）若由于其他操作引起真空下降，立即停止操作，恢复原状并查明原因。

5）真空下降时，应注意监视汽动给水泵运行，必要时停止一台给水泵。

6）注意低压缸排汽温度的变化，达到47℃时，低压缸喷水开始投入，80℃喷水阀全开，继续上升到107℃时机组应跳闸，否则手动打闸停机。

7）真空下降时应着重检查下列情况并进行相应处理：

①真空泵工作情况。

②轴封压力是否正常，轴封加热器水封是否破坏，轴封加热器负压是否正常，轴封加热器风机运行是否正常。

③凝汽器水位和凝结水泵工作情况。

④凝汽器循环水进出口压力、温度是否正常。

⑤真空破坏门、安全门、凝汽器汽侧人孔，真空系统的水位计、疏放水门、管道焊口及阀门盘根等是否漏空气。

⑥真空系统是否有误操作。

⑦是否有大量高温汽水漏入凝汽器。

（4）真空快速下降的处理：

1）首先核对有关表计是否正确。

2）立即按真空每降1kPa减负荷100MW，真空降至81kPa时负荷减至0MW处理。

3）提高轴封供汽压力，启动备用真空泵、备用循环水泵，凝汽器水位高时降低其水位，尽量减缓真空下降速度。

4）若由于其他操作引起真空快速下降，应立即停止操作恢复原状，并查明原因。

5）如减负荷后真空稳定在81kPa以上，应迅速查明原因并立即处理。如真空继续降至75.7kPa时，检查低真空保护动作是否正常，否则应手动打闸。

6）其他同真空缓慢下降处理。

（5）事故处理过程中，应密切监视下列各项：

1）各监视段压力不得超过允许值，否则应减负荷至允许值。

2）倾听机组声音，注意机组振动、胀差、轴向位移、推力轴承金属温度、回油温度的变化。

2. 真空系统泄漏

（1）立即检查下列因素：

1）真空状态下的水位计是否泄漏。

2）真空状态下的加热器是否泄漏。

3）真空破坏门的密封水是否正常。

4）主机及给水泵汽轮机排汽缸安全门是否严密。

5）与凝汽器相连的疏、放水是否误操作。

6）真空系统有关阀门是否误开。

7）检查汽轮机及给水泵汽轮机轴封温度、压力是否正常。

8）轴封加热器水位是否正常，水封筒水封是否正常。

（2）处理：

1）向真空状态下的水位计泄漏部位涂黄油，或停用泄漏的水位计，联系检修人员迅速处理。

2）关闭漏空气的加热器至凝汽器的空气门，停用该加热器汽侧。

3）若真空破坏门密封水供水中断，应立即恢复。

4）主机及给水泵汽轮机排汽缸安全门不严吸空气时，应立即汇报值长，联系检修人员进行处理。

5）若真空系统有关阀门误开，应立即关闭。

6）确认轴封加热器水封筒水封破坏时应进行注水，并查明原因。

（二）汽轮机水冲击事故的判断及处理

汽轮机发生水冲击的主要危害：引起汽缸变形、动静间隙消失发生碰磨、大轴弯曲。

1. 现象

（1）主、再热蒸汽温度突降，过热度减小。

（2）清楚地听到主再热蒸汽管道、抽汽管道或汽缸内有水击声。

（3）蒸汽管道法兰、阀门密封圈，轴封、汽缸结合面等处有白色蒸汽冒出或溅出水滴。

（4）汽轮机上、下缸壁温差明显增大。

（5）抽汽管道上下壁温差突然增大到40℃以上，抽汽管振动。

（6）轴向位移增大，胀差向负方向增大，推力瓦块温度上升较快。

（7）汽轮机振动增大，声音异常。

（8）在盘车状态下盘车电流增大。

2. 原因

（1）燃水比失调，造成锅炉中间点温度降低，过热度变小甚至消失。

（2）给水调节失灵造成分离器满水。

（3）主、再热蒸汽温度失控或减温水量过大造成蒸汽带水。

（4）加热器或凝汽器满水倒灌进入汽轮机。

（5）轴封供汽或抽汽管道疏水不畅，积水或疏水进入汽缸。

（6）高压旁路减温水不严，水倒流入汽缸。

3. 处理

（1）汽轮机发生水冲击时，上述现象不一定同时出现，确认汽轮机水冲击时应立即破坏真空紧急停机。

（2）开启相关蒸汽管道疏水门，若为加热器满水时，应立即隔离并进行放水。

（3）若运行中主、再热蒸汽温度 10min 突降 50℃ 及以上，应立即打闸停机。

（4）汽轮机盘车中发现汽缸进水时，应立即采取措施，放出汽缸内部积水同时必须保持盘车运行，一直到汽轮机上、下缸温差恢复正常。盘车过程中要加强汽轮机内部声音、转子偏心度、盘车电流的监视。

（5）如果汽轮机汽缸进水发生在汽轮机升速过程中，应立即停机，进行盘车。

（6）发生汽轮机汽缸进水后的停机，应特别注意并记录转子惰走时间，倾听汽缸内部声音。如惰走时未发现异声，TSI 参数没有明显异常，经主管生产的公司领导批准可以重新启动。冲转升速时应注意各项控制指标，并仔细听音、测振，检查无异常时方可并网带负荷运行。

（三）汽轮机振动事故的判断及处理

汽轮机振动的主要危害：造成轴承损坏，动静摩擦甚至严重损坏汽轮机。

1. 现象

（1）振动大报警，DCS 显示振动大。

（2）机组发出不正常声音。

2. 原因

（1）机组负荷、参数骤变。

（2）滑销系统卡涩造成汽缸膨胀不均。

（3）润滑油压、油温变化幅度过大。

（4）汽轮发电机组发生动静摩擦或大轴弯曲。

（5）汽缸进冷水或冷汽造成汽缸变形或大轴弯曲。

（6）汽轮机转子不平衡或叶片断裂。

（7）发电机定、转子电流不平衡或发电机振荡。

（8）发电机各组氢气冷却器氢温偏差过大。

（9）轴承工作不正常或轴承座松动。

（10）中心不正或联轴器松动。

（11）轴封温度变化剧烈。

（12）汽轮机排汽缸温度过高。

（13）汽轮机振动测量表计故障。

3. 处理

（1）注意每个轴承的振动趋势，判明振动类型。

（2）汽轮机在一阶临界转速前，任一轴承振动超过 0.05mm 或轴振超过 0.125mm，应立即打闸停机并查找原因。

（3）过临界转速时，如轴承振动超过 0.08mm 或轴振超过 0.25mm，应立即打闸停机并查找原因，严禁强行通过临界转速或降转速暖机。

（4）若升速期间振动超限，应停机检查，不得降转速运行。

（5）运行中当轴承振动变化±0.015mm 或轴振变化±0.05mm 时，应查明原因并设法消除。

（6）当轴承振动突然增加 0.05mm 时，应立即打闸停机。

（7）若机组负荷或进汽参数大幅变化，应稳定负荷调节参数。

（8）运行中，若机组轴振动达 0.15mm 报警，应汇报值长适当降低负荷，查找原因；若轴振超过 0.25mm 或轴承振动超过 0.08mm，应立即打闸停机。

（9）检查机组油温、油压情况，如果是因为油压、油温波动大引起，应立即恢复，恢复时要缓慢、平稳。

（10）汽轮机运行中冷油器的投停、切换应缓慢平稳，严防油温大幅波动或断油。

（11）检查机组油温、油压、胀差、轴向位移、缸胀、缸体上下温差、蒸汽温度等参数是否正常，并进行相应的调整处理。

（12）检查发电机定转子电流、绕组铁芯温度、氢气等参数是否正常，并消除不正常原因。

（13）如果汽轮机内部有明显的金属摩擦、撞击声或汽轮机发生强烈振动，应立即破坏真空紧急停机。

（四）汽轮机轴承损坏事故的判断及处理

汽轮机、发电机轴承损坏的主要危害：造成轴颈损坏，油质恶化，严重时发生动静摩擦导致汽轮机损坏。

1. 汽轮机、发电机轴承损坏的现象

资源库 53_汽轮机
轴承损坏故障处理

（1）轴承乌金温度明显升高或轴承冒烟。

（2）推力轴承损坏时，推力瓦块温度升高。

（3）轴承回油温度高，回油中发现乌金碎屑。

（4）汽轮机振动增加。

2. 汽轮机、发电机轴承损坏的原因

（1）轴承断油或润滑油量偏小。

（2）油压偏低、油温偏高或油质不合格。

（3）轴承过载或推力轴承超负荷，盘车时顶轴油压低或未顶起。

（4）轴承本身有缺陷，轴承间隙、紧力过大或过小。

（5）汽轮机发生水冲击。

（6）汽轮机轴系长期振动偏大造成轴瓦损坏。

（7）机组产生轴电流，灼伤了轴承乌金面。

（8）交流润滑油泵、直流事故油泵自动连锁不正常，有关连锁保护定值不正确，造成事故时供油不正常。

3.汽轮机、发电机轴承损坏的处理

（1）运行中发现任一支持轴承温度达到121℃或推力轴承温度达到110℃时，应立即破坏真空紧急停机。

（2）因轴承损坏停机后盘车不能投入运行时，不应强行盘车。应采取可靠的闷缸措施，防止汽缸进冷水或冷汽，并监视大轴弯曲情况，必要时采取措施进行手动盘车。

（3）轴承损坏后应彻底清理油系统并进行油循环滤油，确保油质合格方可重新启动。

4.防止汽轮机、发电机轴承损坏的预防措施

（1）加强汽轮机润滑油油温、油压的监视调整，严格监视轴承金属温度及回油温度，发现异常应及时查找原因并消除。

（2）润滑油储油箱油位正常，补油泵处于良好备用状态，补油系统阀门状态正常。

（3）油净化装置运行正常，油质应符合标准。

（4）防止汽轮机进水、大轴弯曲、轴承振动及通流部分损坏。

（5）发电机大轴应可靠接地。

（6）启动前应认真按设计要求整定交、直流油泵的连锁定值，确认接线正确，并进行严格的定期试验。

（7）汽轮机运行中油泵投停、切换应缓慢平稳，严防油压大幅波动或断油。

（8）汽轮机运行中冷油器的投停、切换应缓慢平稳，严防油温大幅波动或断油。

（五）汽轮机润滑油系统常见事故的判断及处理

1.主油泵工作异常

（1）现象：

1）前箱内有噪声。

2）主油泵出口压力下降。

（2）原因：

1）主油泵叶轮损坏。

2）油涡轮增压泵异常。

3）主油泵出入口管道泄漏。

4）主油泵出口止回阀卡涩。

（3）处理：

1）检查主油泵入口压力是否正常，前箱内有无异声、管道有无大量泄漏。密切监视主油泵出口及润滑油压力的变化，并立即汇报值长。

2）润滑油压降至0.115MPa时，检查辅助油泵应自启动，否则手动启动。

3）主油泵入口压力偏低时，启动交流启动油泵，以保证润滑油油系统油压，同时保证油涡轮增压泵正常工作，维持油涡轮增压泵出口压力。

资源库 54_主油泵
故障处理

4）确认主油泵出入口管道泄漏时，应联系维护人员堵漏，如无效应汇报值长，启动辅助油泵和启动油泵，申请停机。

5）确认主油泵故障时，应启动辅助油泵和启动油泵，汇报值长，申请停机。

2. 润滑油压下降（主油箱油位正常）

（1）原因：

1）主油泵和油涡轮增压泵工作不正常。

2）压力油管泄漏。

3）油涡轮节流阀、旁路阀、溢流阀在运行中因振动等原因导致开度变化。

资源库 55_润滑油管路泄漏故障处理

4）事故油泵、辅助油泵或启动油泵出口止回阀不严。

（2）处理：

1）润滑油压下降时，应立即核对各表计，查明原因。

2）当润滑油压下降到 0.115MPa 时，应自启动辅助油泵，否则应手动启动；当润滑油压下降到 0.105MPa 时，应自动启动事故油泵，否则应手动启动。

3）润滑油压下降时，应立即检查轴承金属温度，回油温度。当推力瓦温达 115℃、汽轮机及发电机径向轴承达 121℃时，应破坏真空紧急停机处理。

4）检查主油泵进出口压力是否正常，若主油泵及油涡轮增压泵工作失常无法恢复，应启动辅助油泵、启动油泵，汇报值长，申请停机。

5）检查事故油泵、辅助油泵或启动油泵出口止回阀是否关严，若关闭不严，处理无效时，应汇报值长，请求停机。

6）对冷油器进行查漏，若冷油器泄漏，应迅速切换冷油器，并隔绝故障冷油器，联系维护人员处理。

7）检查油涡轮节流阀、旁路阀、溢流阀开度变动时，应重新调整。

8）当润滑油压低至 0.069MPa 时，汽轮机应跳闸，否则应手动停机，并按破坏真空紧急停机处理。

9）在启动过程中，若辅助油泵故障而造成润滑油压下降时，应立即启动事故油泵，打闸停机，待故障消除后，方可重新启动汽轮机。

（六）DEH 系统常见事故的判断及处理

1. EH 油系统故障

（1）现象：

1）EH 油压摆动或下降。

2）EH 油温上升或下降。

3）EH 油系统泄漏造成油箱油位降低。

资源库 56_EH 油泵跳闸故障处理

4）EH 油质不合格。

5）EH 油泵故障跳闸。

（2）原因：

1）EH 油系统过压阀整定不当或故障、备用油泵的出口止回阀不严。

2）EH 油泵故障或 EH 油箱油位低。

3）EH 油温调整不当。

4）EH 油系统泄漏，油箱油位低。

5）EH 油中进水、过热、再生滤网失效。

6）电气故障，如电机保护动作、所接母线失电等。

（3）处理：

1）EH 油压摆动时，应立即启动备用 EH 油泵，确认 EH 油箱油位正常，必要时联系检修人员加油。

2）EH 油压逐渐下降时，应确认系统是否泄漏，油箱油位是否下降，油泵过压阀是否误动，进、出口滤网是否脏污，备用 EH 油泵出口止回阀是否严密。

3）EH 油泵进、出口滤网脏污堵塞时，应更换滤芯，同时化验 EH 油质，检查再生循环是否正常，尽快提高 EH 油品质。

4）EH 油压下降时，切换备用泵运行；当油压低于 9.2MPa 时，备用泵自启，否则应手动投入；若油压仍继续下降无法维持，应申请减负荷故障停机。

5）EH 油压低于 7.8MPa 时，保护动作跳机，汽动给水泵同时跳闸，否则应手动打闸。

6）EH 油温高于 54℃或低于 32℃时，检查 EH 油冷却循环及加热器是否正常，联系检修人员检查主机、小汽轮机 EH 油系统，若有部分管路或设备靠高温热源太近被加热，应设法解决。

7）当发生油系统泄漏时，尽可能隔离泄漏点。油箱油位降低时，立即联系检修人员加油。若无法隔离或油位已下降至 130mm 时，应减负荷故障停机，若运行冷油器泄漏，应切换备用冷油器运行。

2. 汽轮机 TV1（或 TV2）阀突然关闭（以 300MW 汽轮机为例）

（1）现象：

1）负荷、汽包水位、给水流量突然下降。

2）主汽压急剧上升。

3）TV1 关闭，GV1～GV6 全开。

4）安全门可能动作。

5）汽轮机旁路系统可能动作。

（2）处理：

1）负荷突然下降，从汽压判断是机侧还是炉侧问题，若发现 TV1 关闭，应立即停磨降负荷到 180MW 左右。

2）严密监视和控制主汽压不超限，检查汽轮机轴向位移、振动、推力瓦温度、胀差等，若异常，应继续降负荷。

3）开启主蒸汽管道疏水、高压导汽管疏水。

4）关闭该侧高压调节阀、TV1 进油门，将 TV1、GV1、GV3、GV5 强制关闭。

5）切 TF 为"操作员自动"基本控制方式。

6）通知热工人员立即处理，将 TV1 恢复开启，并将 GV1、GV3、GV5 指令强制为 0，然后开启 GV1 油动机进油门，再由热工逐渐给指令，缓慢将 GV1 恢复到计算机的内部计算指令，同样将 GV5、GV3 逐渐恢复正常。

7）正常后关闭疏水门，恢复调度负荷。

（七）汽轮机动静摩擦事故的判断及处理

1．高、低压胀差异常

（1）现象：

1）高、低压胀差显示异常。

2）高、中压缸绝对膨胀指示异常。

（2）原因：

1）高压缸暖缸不充分。

2）汽缸内外，上下缸温差大。

3）滑销系统卡涩。

4）暖机升速或增、减负荷速度太快。

5）蒸汽参数急剧变化。

6）轴封蒸汽参数不符合要求。

7）启、停机过程中，主、再热蒸汽温度温升率或温降率过大。

（3）处理：

1）在冷态启动过程中，若汽轮机胀差增加较快或高压胀差已达＋10.3mm 或－5.3mm、低压胀差已达＋19.8mm 或－4.6mm，应稳定工况直至胀差正常，同时稳定主、再热蒸汽的压力、温度。

2）检查低压缸排汽温度、排汽装置背压等是否正常。当各胀差趋于稳定并开始缩小后，再继续升速或加负荷。

3）在启动过程中，应严格控制冲转参数和轴封供汽温度，避免负温差启动，尽快使机组带上与汽缸金属内壁温度相对应的负荷值，避免汽缸金属温度下降。

4）在机组冲转前，应控制高压胀差为－5.3～＋10.3mm，低压胀差为－4.6～＋19.8mm。

5）在滑参数停机过程中，高、低压胀差逐渐减少，若接近报警值时，应停止减负荷，稳定参数，等胀差逐渐恢复后再继续停机工作。

6）在正胀差异常而进行停机时，应充分考虑泊桑效应的影响，可采用降低蒸汽温度的方法来缓解胀差异常。

7）无论是正胀差还是负胀差异常，均应认真检查汽缸绝对膨胀情况，若有卡涩现象，应加强暖机，同时通知检修人员处理。

8）高压胀差达＋11.6mm 或－6.6mm 或低压胀差达＋30mm 或－8mm 时，破坏真空紧急停机。

2．轴向位移异常

（1）现象：

1）DCS 显示轴向位移异常增大或减小，轴向位移达＋0.6mm 或－1.05mm 时，发出报警。

2）推力轴承乌金温度及回油温度异常升高。

3）机组可能振动增大。

（2）原因：

1）机组过负荷或机组负荷突变。

2）负荷稳定情况下，蒸汽参数波动大。

3）汽轮机水冲击。

4）推力瓦或推力盘磨损、变形。

5）叶片严重结垢。

6）叶片断裂、通流部分损坏。

7）排汽背压过高或过低。

8）系统频率偏离正常范围或发电机转子窜动。

9）抽汽量变化。

10）再热器安全阀误动或动作后不回座、旁路误投。

（3）处理：

1）检查推力瓦乌金温度、轴承回油温度是否升高。

2）检查润滑油温、油压、排汽装置背压、排汽温度、主再热蒸汽温度、主再热蒸汽压力、监视段压力、机组振动是否正常。仔细倾听推力轴承及机内声音，监视机组振动。将有关参数调节至正常范围。

3）汇报值长，降低机组负荷。

4）汽轮机发生断叶片或水冲击时，应破坏真空紧急停机。

5）若电网频率异常，按"频率异常"中有关规定处理。

6）轴向位移达＋0.6mm 或 －1.05mm 时，立即检查推力轴承乌金温度、回油温度。

7）轴向位移达＋1.2mm 或 －1.65m 时，应破坏真空紧急停机。

8）若旁路误投，应停止旁路。

（八）回热抽汽系统常见事故的判断及处理

1．加热器故障

（1）加热器在运行中发生下列情况之一时，应紧急停运故障加热器：

1）加热器的汽水管道、阀门、水位计等爆破，危及人身及设备安全。

2）低加水位高Ⅲ值报警时，保护拒动；高加水位高Ⅲ值报警时，保护拒动。

3）加热器就地水位计（表）及对应的 DCS 显示均失灵，无法监视水位。

4）加热器相关阀门控制气源失去，相应加热器立即撤出运行。

（2）加热器紧急停运操作步骤：

1）按加热器紧急停运按钮，确认故障加热器水侧旁路门开启，进、出水门关闭，抽汽隔离门、抽汽止回阀关闭，抽汽管道上疏水气动门开启，防止锅炉断水或除氧器缺水。

2）确认上一级加热器的正常疏水及事故疏水调整门动作正常，加热器水位正常。

3）调整机组负荷及参数，注意监视段压力正常，监视推力轴承工作情况，注意轴向位移变化。

4）关闭故障加热器至除氧器（或排汽装置）的连续排汽门及其正常疏水调整门、事故疏水调整门。

5）注意故障加热器汽侧压力不应升高，必要时进行泄压，注意排汽装置背压变化。

（3）防止高、低压加热器超压、超温的措施：

1）运行中严禁退出高、低压加热器保护。

2）严禁机组超负荷运行，必要时降低机组负荷。

3）高、低压加热器压力高时，注意安全门是否动作，必要时解列加热器，停止加热器运行，做好隔离措施。

4）运行中调整高、低压加热器水位在规程规定的范围内，高、低压加热器正常疏水调整门故障时，应及时开启事故疏水调整门，调整水位正常，严禁上级加热器蒸汽窜入下级加热器引起下级加热器超压。

5）高、低压加热器运行中严禁开启加热器水侧旁路门。

6）高、低压加热器投、退时严格按照规定控制温升率和温降率。

7）高、低压加热器连锁试验不合格时，禁止投运高、低压加热器。

2. 加热器水位高异常

（1）现象：

1）DCS画面及就地指示加热器水位升高，加热器水位高报警。

2）加热器出口水温降低。

3）加热器危急疏水调节阀打开，调节水位。

4）加热器水位升高过快时，可能会引起加热器水位高保护动作，造成加热器解列。

（2）原因：

1）加热器管子泄漏或管板焊口泄漏。

2）邻近两级加热器压差不够，不能满足逐级自流而导致的水位升高。

3）正常疏水调节阀故障，疏水不畅。

4）加热器汽侧虚假水位。

（3）处理：

1）当加热器水位高Ⅰ值时，检查该加热器正常疏水调节阀是否打开，否则应手动打开。

2）当该加热器水位继续上升到高Ⅱ时，本级危急疏水强开，上级正常疏水强关。

3）当该加热器水位继续上升到高Ⅲ时，检查高压加热器组保护是否动作，各抽汽电动门和止回阀、抽汽管道疏水门是否自开，水侧应切为旁路。

资源库57_低加泄漏故障处理

资源库58_高加泄漏故障处理

4）如加热器水位高，短时间不能恢复正常，影响设备安全，或者确认加热器水侧泄漏时，应停运汽、水侧，防止汽轮机进水。

5）根据其疏水温度判断为汽侧加热器产生的虚假水位时，应将其疏水调节阀打至手动关小，调整水位至正常。

6）全部高压加热器因故障切除时，可保证机组额定出力，控制各监视段压力不超限。

（九）凝结水系统常见事故的判断及处理

1．凝汽器泄漏

（1）现象：

1）凝结水的硬度和电导率增大。

2）凝汽器水位上升。

（2）原因：

1）凝汽器钢管或管板泄漏。

2）汽轮机末级叶片断裂，将凝汽器钢管打破。

3）循环冷却水水质长期不合格。

（3）处理：

1）凝结水硬度和电导率明显增大时，将机组负荷降至50％～60％额定负荷，采用分组解列的办法对凝汽器进行堵漏。

2）凝结水的硬度和电导率增大，且凝汽器水位异常快速升高，若为汽轮机末级叶片断裂，按主机叶片断裂处理。

2．凝结水泵跳闸

（1）现象：

1）DCS报警，电流到零。

2）凝结水流量骤降，母管压力降低。

3）凝汽器热井水位上升，除氧器水位下降。

4）备用凝结水泵连锁启动。

（2）处理：

1）首先应确认备用泵自启，否则手启。

2）调整凝汽器水位和除氧器水位至正常值。

3）备用泵启动后又跳闸，一般不应再启动，紧急情况可再启动一次，如备用泵启动两次无效，运行泵跳闸时没有明显的电流冲击，可强行再启动一次跳闸泵。强启不成功应停机处理。

4）查明跳闸原因并进行处理。

3．凝结水泵汽蚀

（1）现象：

1）电流下降并摆动。就地有异声。

2）凝结水泵出口压力下降并摆动，凝结水流量下降，除氧器水位下降。

3）当两台凝结水泵运行时，另一台凝结水泵电流、流量上升。

4）备用凝结水泵可能因母管压力低连锁启动。

（2）处理：

1）立即到现场检查，倾听是否有异声。

2）如果因凝汽器水位低引起凝结水泵汽蚀，则应迅速补水至正常水位，同时应加强监视凝结水泵的运行情况，汽蚀严重时应启动备用泵，停运汽蚀泵。

3）如果由于其他原因引起凝结水泵汽蚀，应立即启动备用泵，停止汽蚀泵。

4）调节凝汽器水位、除氧器水位至正常。

5）查明凝结水泵汽蚀原因，并及时处理。

（十）给水系统常见事故的判断及处理

1．给水全中断

（1）现象：

1）给水流量到零。

2）三台给水泵均停或跳闸。

资源库 60_汽泵跳闸故障处理

3）锅炉和汽轮机跳闸，发电机解列。

（2）原因：

1）除氧器水位低于 450mm。

2）机组启停机阶段，单台给水泵运行、电动给水泵未旋转备用，单台给水泵故障跳闸。

3）仅电动给水泵运行时，电动给水泵故障跳闸。

（3）处理：

1）若电动给水泵无故障，立即启动电动给水泵。

2）检查锅炉跳闸与否，否则应手动停炉。

3）汽轮机跳闸和发电机解列。检查并确认高中压主汽门、调速汽门、抽汽止回阀、抽汽电动门、高排止回阀、工业抽汽蝶阀及止回阀、热网抽汽蝶阀及止回阀关闭，汽轮机本体疏水自动开启，检查发电机已解列，转速明显下降，灭磁开关跳闸，厂用电切换正常。开启高压旁路，维持蒸汽流量。关闭百叶窗，维持循环冷却水泵运行。

4）若厂用电未中断，电动给水泵无故障，应立即启动电动给水泵。

5）若厂用电中断，汽轮机、电气按厂用电中断处理；厂用电恢复后尽快启动给水泵运行。

2．汽动给水泵汽化

（1）现象：

1）给水泵出口压力及前置泵电流下降且摆动。

2）给水泵转速摆动，给水流量减少且摆动。

3）泵内有噪声或水冲击声，泵组振动增大。

4）前置泵入口滤网差压高报警、给水泵入口滤网差压高报警。

（2）原因：

1）给水泵入口滤网堵塞或入口管道大量泄漏，使进口压力过低。

2）除氧器压力突然下降或水位太低。

3）给水泵进口流量大于644t/h，严重过负荷。

4）给水泵进口流量小于180t/h，再循环手动门误关或调节阀脱扣。

5）给水泵投运前系统未充分注水排空。

（3）处理：

1）若除氧器压力或水位过低，应尽快恢复至正常。

2）若根据表计判断是进口滤网堵塞，应汇报值长，停运故障泵清洗滤网。

3）如发现进口管道大量泄漏，影响给水泵正常工作时，应汇报值长，停运故障泵，隔离泄漏段。

4）若在低负荷时误关再循环门，应检查开启再循环门。

5）汽动给水泵静止后，应立即开启泵出口止回阀前排空气门、机械密封水排空，排尽泵内空气，方可重新启动。

3. 汽动给水泵轴振动大

（1）现象：

1）DCS显示汽动给水泵轴振动大。

2）小汽轮机轴振动达0.1mm报警，给水泵轴振达0.06mm报警，光字牌亮。

3）就地给水泵振动大，声音不正常。

（2）原因：

1）润滑油压、油温异常变化。

2）汽动给水泵组联轴器中心不正。

3）小汽轮机断叶片引起转子不平衡。

4）泵组动静部分发生摩擦。

5）泵组轴瓦故障或损坏。

（3）处理：

1）泵组振动就地实测达50μm时，立即将小汽轮机转速降低。

2）检查润滑油压、油温应正常，各轴承温度应在规定范围内，否则应及时调整。

3）就地倾听泵组内部声音，发现有清晰的金属摩擦声或轴封内冒火花时，应紧急停小汽轮机，启动电动给水泵，主机减负荷。

4）若泵组轴瓦振动达60μm，小汽轮机轴振动达0.15mm或给水泵轴振达0.08mm，汽动给水泵未跳闸时，应手动打闸停止汽动给水泵运行，主机降负荷，启动电动给水泵旋转备用。

5）如果是轴系中心未找好，必须停止汽动给水泵，联系维护人员检查处理。

（十一）发电机密封冷却系统常见事故的判断及处理

1. 发电机氢气冷却器泄漏

（1）现象：

1）发电机氢气压力下降较快。

2）发电机检漏仪报警，漏液检测装置可以放出水。

3）氢气湿度增大，氢干燥器出水量增大。

4）氢气冷却器放气门处可以放出大量气体。

（2）原因：氢气冷却器泄漏。

（3）处理：

1）氢气冷却器泄漏时，氢气压力大于冷却水压力，氢气漏向闭式水，机内氢气压力下降较快，同时从闭式水系统中能放出较多气体，应立即隔离该组氢气冷却器，并降低机组负荷运行。

2）如冷却水压力大于氢气压力，冷却水漏向发电机内，漏液检测装置报警，应立即调整氢压，使之大于冷却水压力，同时尽快确定并隔离泄漏的氢气冷却器，降低机组负荷运行。

3）一组（最多两组）氢气冷却器停止运行时，降低机组负荷，控制发电机内各点温度不超限。

2. 氢气压力降低

（1）现象：

1）氢气压力低报警。

2）氢压指示下降。

3）补氢量增加。

4）油氢差压异常。

（2）原因：

1）补氢调节阀失灵或供氢系统压力下降。

2）密封油压力降低。

3）氢气冷却器出口氢气温度突降。

4）氢气系统泄漏或误操作。

5）密封油差压调节阀失灵。

（3）处理：

1）确认氢压下降时，应立即查明原因予以处理，并增加补氢量，以维持发电机内额定氢压，同时加强对氢气纯度及发电机铁芯、绕组温度的监视。

2）密封油中断，造成氢气外漏，氢压降低，应立即打闸停机并紧急排氢。

3）密封油压低或密封油差压调节阀失灵，设法将其调整至正常。

4）确认氢气温度自动调节不正常，应立即切至手动调节。

5）氢气冷却器泄漏，应立即隔离该组氢气冷却器，并降低机组负荷运行。

6）管道破裂、阀门法兰、发电机各测量引线处泄漏等引起漏氢，在不影响机组正常运行的前提下设法处理，不能处理时，汇报领导申请停机。

7）排氢门误操作或未关严，应立即关严排氢门，同时补氢至正常氢压。

8）氢气泄漏到厂房内，应立即开启汽轮机房屋顶排放设施及相关区域门窗，加强通风换气，禁止一切动火工作。

9）若氢压下降无法维持额定值时，应根据定子铁芯温度情况，联系值应相应降低负荷直至停机。

10）氢气系统大量泄漏，无法隔绝时，应立即打闸停机并紧急排氢。

3. 油氢压差低

（1）现象：

1）密封油压力指示下降并报警。

2）油氢差压指示减小并报警。

3）发电机氢气纯度下降。

4）发电机氢气压力下降速度加快。

（2）原因：

1）差压调节阀跟踪性能不好。

2）密封油滤网器堵塞。

3）表计误差。

4）安全门或溢流门故障。

5）密封油泵故障。

（3）处理：

1）若确认差压阀动作失灵，应通知检修调整，必要时切为旁路。

2）如滤网堵塞，则应该切换为备用滤网运行，联系检修人员清理。

3）发现密封油压力下降，应立即核对就地压力表计进行确认，通过再循环门调节油压正常。

4）及时查找油系统泄漏点，设法隔离。

5）油泵故障时，及时切换故障泵，通知检修人员处理。如果在两台交流密封油泵故障的情况下，可启动直流密封油泵，但必须做好以下工作：

①直流密封油泵运行时，每8h对发电机进行排补氢工作。排氢通过密封油扩大槽上的排放阀缓慢进行，以保证发电机内氢气纯度在95％以上，并注意油氢差压调节应正常。

②直流密封油泵运行，且估计12h内交流密封油泵不能恢复运行时，则应停运密封油再循环泵及密封油真空泵，关闭真空油箱进油阀，将真空油箱破坏真空后退出运行。

③当各密封油泵均发生故障时，将密封油倒为润滑油直供，发电机应紧急停机并排氢直至能对机内氢气进行密封为止。

④当主机润滑油至密封油供油停止，密封油自循环时，应注意监视各油箱油位、油氢差压、密封油真空油箱真空正常，氢压低时及时补氢。

⑤如果密封油系统的安全门或溢流门故障，应解列后通知检修人员处理。

4. 定子冷却水压力低

（1）现象：

1）定子冷却水压力降低并报警。

资源库61_油氢差压低故障处理

资源库62_定冷水系统泄漏故障处理

163

2）定子冷却水流量下降并报警。

3）定子冷却水回水温度及定子绕组温度升高。

（2）原因：

1）定冷水箱水位过低。

2）定子冷却水系统泄漏。

3）定子冷却水滤网或冷却器差压高。

4）定子冷却水系统误操作。

5）定冷水泵运行异常。

6）运行定冷水泵跳闸，备用定冷水泵联启失败。

（3）处理：

1）发现定子冷却水压力降低，应立即检查原因并采取措施处理，设法恢复正常运行，否则应根据发电机定子绕组温度及时降低机组负荷。

2）检查定冷水泵运行正常，否则应切至备用泵运行，查找原因并联系处理。

3）定冷水滤网或定冷水冷却器差压高，切换滤网或定冷水冷却器，通知检修人员处理。

4）定冷水泵跳闸时，应检查备用泵自投正常。

5）定冷水箱水位低，立即补水至正常水位。

6）管道、阀门、法兰或定冷水冷却器泄漏，立即隔离漏点或切至备用冷却器运行，通知检修人员处理。

7）因定冷水系统误操作造成定子冷却水压力低，立即恢复原运行方式。

8）定冷水流量正常为 120m³/h 左右。若流量低于 108m³/h，应检查备用定冷水泵是否自启动；若自启动不成功，应立即手动启动。当定冷水流量小于 96m³/h（三取二），延时 30s 汽轮机保护动作跳机，否则应手动打闸停机。

**资源库 63_定子冷却
水温度高故障处理**

5. 定子冷却水温度升高

（1）现象：

1）定子冷却水进、回水温度指示升高或报警。

2）定子绕组温度普遍升高或报警。

（2）原因：

1）定冷水冷却器堵塞，冷却水流量低。

2）定子冷却水温度调节失灵。

3）定子冷却水冷却器冷却水侧进、出水门误关或阀芯脱落。

4）定子冷却水冷却器放气不充分。

5）定子冷却水加热器误投。

6）发电机过负荷。

7）定子冷却水水冷却器冷却水压力、温度变化。

（3）处理：

1）发现定子冷却水温度升高时，应立即检查定冷水冷却器是否工作正常。

2）定子冷却水冷却器堵塞时，应立即切至备用冷却器，隔离原运行冷却器，通知检修人员处理。

3）若定子冷却水温度自动调节失灵，则切至手动调节或用旁路门调节，通知检修人员处理。

4）就地检查定冷水冷却器各手动门状态是否正常。

5）定子冷却水冷却器放气不充分时，则打开运行定冷水冷却器冷却水侧放气门，直到水中无空气放出为止。

6）定子冷却水加热器误投，应立即停用定子冷却水加热器。

7）定子绕组进水温度升高至 53℃时，严密监视定子绕组温度，迅速降低机组负荷；进水温度升高至 58℃时，保护动作跳机，否则应手动打闸。

8）检查闭式水压力及温度情况，并保持在正常范围内。

（十二）循环水系统常见事故的判断及处理

1. 紧急停止故障循环水泵

当发生下列任一情况时，应紧急停止故障循环水泵运行：

（1）循环水泵组任一轴承冒烟，轴承油位计油位消失。

（2）循环水泵出口蝶阀关闭后无法开启。

（3）循环水泵电动机冒烟着火。

（4）循环水泵组发生强烈振动或泵内有明显的金属摩擦声、异物撞击声。

（5）其他需紧急停止泵组运行的威胁人身和设备安全的情况。

2. 循环水泵紧急停运的主要操作

（1）在循环水单元制运行时：一台循环水泵运行的工况下，循环水泵跳闸或紧急停运，确认备用泵自启动，检查停运循环水泵出口蝶阀应关闭。

资源库 64_循环水泵跳闸故障处理

（2）在循环水扩大单元制运行时：一台循环水泵跳闸或紧急停运时，确认本机备用泵自启动，若启动失败或本机无备用泵则启动邻机备用泵，检查停运循环水泵出口蝶阀应关闭。

（3）循环水泵运行数量减少后，根据机组真空情况快速减负荷处理，维持真空在正常范围。

3. 循环水中断或水量不足

（1）现象：

1）凝汽器真空急剧下降，排汽温度升高。

2）循环水母管压力降低或到零。

3）凝汽器循环水出水温度升高，出、入口循环水温差增大。

4）开式水系统为循环水供水时，压力下降。各热交换器冷却水压力下降，被冷却介质温度升高。

（2）原因：

1）循环水泵跳闸，备用泵没有联启或跳闸泵出口门未关。

2）循环水泵入口滤网堵塞。

3）循环水泵出口蝶阀误关或备用泵出口蝶阀误开。

4）凝汽器循环水出、入口蝶阀误关。

5）厂用 6kV 电源中断。

（3）处理：

1）循环水泵跳闸，备用泵未联动时，应立即启动备用泵，并确认跳闸泵出口蝶阀已联关，备用泵出口蝶阀已联开。若循环水中断，应立即汇报值长按故障停机处理。

2）关闭高低压旁路、主再热蒸汽管道所有疏水，严禁向凝汽器排汽水。

3）注意各油温、水温、发电机风温等被冷却介质温度的变化。

4）厂用电恢复后，待低压缸排汽温度下降至 50℃ 以下时，再启动循环水泵向凝汽器通循环水。

5）检查低压缸安全阀薄膜有无破损。

6）检查拦污栅、前池滤网是否堵塞，并及时清理，保持通畅。

7）若循环水泵出口蝶阀误关，应立即开启。若不能打开，应立即启动备用泵，停止故障泵，并联系检修人员处理。若备用泵出口蝶阀误开，应立即关闭。

8）若凝汽器循环水出、入口门误关，应立即开启。

（十三）机组旁路系统常见事故的判断和事处理

（1）现象：

1）就地声音异常，机组负荷下降。

2）主汽压力下降，汽包水位突然上升。

（2）处理：

1）调整好汽包水位，注意虚假水位的影响。

2）检查再热蒸汽温度和蒸汽压力、汽轮机轴向位移，适当降低机组负荷。

3）关高压旁路前，应适当降低主汽压力，保持汽包水位＋100mm 左右。

4）操作要缓慢。严密监视汽包水位及主汽压力的变化。

四、 完成任务

登录相关的发电机组仿真平台，严格按照任务提纲完成对汽轮机事故的判断方法和事故处理方法的学习。

（1）通过学习，掌握真空系统常见事故产生的原因，掌握事故的判断方法，熟练处理事故，能够通过分析事故原因，制订可行性预防措施。

（2）通过学习，掌握汽轮机水冲击事故产生的原因，掌握事故的判断方法，熟练处理事故，能够通过分析事故原因，制订可行性预防措施。

（3）通过学习，掌握汽轮机振动事故产生的原因，掌握事故判断方法，熟练处理事故，能够通过分析事故原因，制订可行性预防措施。

（4）通过学习，掌握汽轮机轴承损坏事故产生的原因，掌握事故的判断方法和事故处理方法，熟练处理事故，能够通过分析事故原因，制订可行性预防措施。

（5）通过学习，掌握汽轮机润滑油系统常见事故产生的原因，掌握事故的判断方法，熟练处理事故，能够通过分析事故原因，制订可行性预防措施。

（6）通过学习，掌握 DEH 系统常见事故产生的原因，掌握事故的判断方法，熟练处理事故，能够通过分析事故原因，制订可行性预防措施。

（7）通过学习，掌握汽轮机动静摩擦事故产生的原因，掌握事故的判断方法和事故处理方法，熟练处理事故，能够通过分析事故原因，制订可行性预防措施。

（8）通过学习，掌握回热抽汽系统常见事故产生的原因，掌握事故的判断方法，熟练处理事故，能够通过分析事故原因，制订可行性预防措施。

（9）通过学习，掌握凝结水系统常见事故产生的原因，掌握事故的判断方法，熟练处理事故，能够通过分析事故原因，制订可行性预防措施。

（10）通过学习，掌握给水系统常见事故产生的原因，掌握事故的判断方法，熟练处理事故，能够通过分析事故原因，制订可行性预防措施。

（11）通过学习，掌握发电机密封冷却系统常见事故产生原因，掌握事故的判断方法，熟练处理事故，能够通过分析事故原因，制订可行性预防措施。

（12）通过学习，掌握循环水系统常见事故产生的原因，掌握事故的判断方法，熟练处理事故，能够通过分析事故原因，制订可行性预防措施。

（13）通过学习，掌握机组旁路系统事故产生的原因，掌握事故的判断方法和事故处理方法，熟练处理事故，能够通过分析事故原因，制订可行性预防措施。

五、 任务评价

根据工作任务的完成情况，对照评价项目和技术标准规范，逐项评价，确定技能水平和改进的要求。任务评价表见表 4-3-1。

表 4-3-1　　　　　　　　　　任 务 评 价 表

内　　　　容		评　　　　价	
学习目标	评　价　目　标	个人评价	教师评价
知识目标	真空系统常见事故的原因及判断方法		
	汽轮机水冲击事故的原因及判断方法		
	汽轮机振动事故原因及判断方法		
	汽轮机轴承损坏事故原因及判断方法		
	汽轮机润滑油系统事故原因及判断方法		
	DEH 系统常见事故的原因及判断方法		
	汽轮机动静摩擦、事故原因及判断方法		
	回热抽汽系统常见事故的原因及判断方法		
	凝结水系统常见事故的原因及判断方法		
	给水系统常见事故的原因及判断方法		
	发电机密封冷却系统常见事故的原因		
	发电机密封冷却系统常见事故的判断方法		
	循环水系统常见事故的原因及判断方法		
	机组旁路系统常见事故的原因及判断方法		

续表

内　　　容		评　　价	
学习目标	评　价　目　标	个人评价	教师评价
技能目标	熟练处理真空系统常见事故，分析事故原因并制订可行性预防措施		
	熟练处理汽轮机水冲击等本体事故，分析事故原因并制订可行性预防措施		
	熟练处理汽轮机振动事故，分析事故原因并制订可行性预防措施		
	熟练处理汽轮机动静摩擦事故，分析事故原因并制订可行性预防措施		
	熟练处理汽轮机润滑油系统常见事故，分析事故原因并制订可行性预防措施		
	熟练处理 DEH 系统常见事故，分析事故原因并制订可行性预防措施		
	熟练处理汽轮机动静摩擦事故，分析事故原因并制订可行性预防措施		
	熟练处理回热抽汽系统常见事故，分析事故原因并制订可行性预防措施		
	熟练处理凝结水系统常见事故，分析事故原因并制订可行性预防措施		
	熟练处理给水系统常见事故，分析事故原因并制订可行性预防措施		
	熟练处理发电机密封冷却系统常见事故，分析事故原因并制订可行性预防措施		
	熟练处理循环水系统常见事故，分析事故原因并制订可行性预防措施		
	熟练处理机组旁路系统常见事故，分析事故原因并制订可行性预防措施		
素质目标	沟通能力		
	团队合作能力		
	方法创新能力		
	突发事件处理能力		
改进要求			

六、课后练习

（1）真空缓慢下降的处理方法有哪些？

（2）真空快速下降的处理方法有哪些？

（3）汽轮机发生水冲击的主要危害有哪些？

（4）汽轮机发生水冲击的主要原因有哪些？

（5）简述主油泵工作异常的处理方法。

（6）简述汽轮机高、低压胀差异常的原因。

（7）加热器运行过程中，哪些情况需要紧急停运故障加热器？

（8）防止高、低压加热器超温、超压的措施有哪些？

（9）加热器端差大的原因有哪些？

（10）凝结水泵跳闸，备用泵未联启，应该怎么处理？

（11）汽动给水泵汽化的原因有哪些？

（12）哪些紧急事故情况下，必须立即停机，发电机需要紧急排氢？

（13）简述发电机进入液体的原因及相关处理方法。

（14）循环水泵紧急停运有哪些主要操作？

工作任务四　电气系统典型事故处理

一、任务描述

发电厂事故处理是运行人员工作中的重要一环，当发电厂电气设备或系统发生异常，甚至出现重要故障，威胁到生产设备、电网或者人身安全时，迅速而正确的处理可以有效地避免事故的进一步扩大，最大限度地保障电力系统的安全稳定运行。

（1）掌握事故的判断方法和事故处理方法，分析事故原因，制订可行性预防措施。

（2）能正确处理发变组主开关跳闸事故。

（3）能正确处理发电机定子接地事故。

（4）能正确处理发电机转子绕组匝间短路事故。

（5）能正确处理发电机转子励磁机磁场一点接地事故。

（6）能正确处理发电机非全相运行事故。

（7）能正确处理发电机逆功率事故。

（8）能正确处理发电机过负荷事故。

（9）能正确处理发电机三相电流不平衡事故。

（10）能正确处理励磁系统故障。

（11）能正确处理高压厂用母线一段失电事故。

（12）能正确处理高压厂用母线单相接地事故。

（13）能正确处理 400V PC 母线常见事故。

（14）能正确处理保安段母线失电事故。

（15）能正确处理变压器常见异常及事故。

（16）能正确处理电网故障。

二、任务分析

电气事故具有不确定性、瞬时性。当事故发生时，运行人员要根据 DCS 电气报警信息、现场报警信号、表计指示、保护和自动装置动作情况及现场设备故障现象，能够：①正确判断事故发生的部位及事故性质，确定处理思路与步骤。②解除对人身及设备安全的威胁，隔离故障设备，保证其他设备正常运行；设法保证厂用电、辅机及公用系统正常，尽量使机组不减或少减负荷，减少对发电机及电网的影响。③保证无故障设备的正常运行，及时投入备用设备。通过检查、分析、试验，确定事故范围、处理方案及损失情况。④各专业协调配合，调整运行方式使其恢复正常。⑤真实准确记录事故发生的时间、现象、保护及自动装置动作情况、事故处理经过、事故性质、涉及范围、损失情况及故障设备的处理方案，汇报相关人员。

（一）发电机故障处理

1.发变组主开关跳闸

（1）现象：

1）DCS出相应发变组保护动作声光报警，发变组有功、无功、定子电流等各参数指示到零。

资源库 65_发电机定子线圈相间短路

2）发变组主开关及灭磁开关跳闸，DCS中开关黄闪。

3）高压厂用电工作进线开关跳闸，开关绿闪；高压厂用电备用进线开关联动投运，开关红闪。

4）汽轮机跳闸，锅炉 MFT。

（2）处理：

1）检查厂用电联动正常，否则尽快恢复，检查保安段运行正常。若高压厂用电备用进线开关未联动且无闭锁信号及明显故障特征，可手动抢合一次，若抢合后又跳闸，则不得再合，按厂用电失压处理，查明原因，隔离故障点，尽快恢复厂用电供电。

2）确定机组大连锁正确动作，锅炉、汽轮机自动跳闸（机组负荷小于 30%BMCR，旁路打开时锅炉不联跳），否则应立即打闸。

3）检查发变组、母线、线路保护动作情况并做好记录。根据保护动作情况对发变组系统和发电厂高压母线系统进行全面的外部检查，判断发电机跳闸原因并进行处理。

4）若属于电网原因引起的发变组主开关跳闸，应全面检查机组无异常后，根据值长命令将发变组重新并网。

5）若属于人员误碰或误操作引起的发变组主开关跳闸，应立即汇报值长，申请调度同意后将机组重新启动并网。

2.发电机定子接地

（1）现象：

1）DCS出"发电机定子接地"报警，发"定子接地跳闸"信号，并伴随事故音响。

2）发电机主开关跳闸，厂用电自动切换，保护动作于全停。

3）接地相电压降低或到零，非故障相电压升高。

（2）处理：

1）定子接地保护跳闸时，按主开关跳闸处理。

2）若"发电机定子接地"报警伴随"发电机底部油水探测器"报警，则应将发电机紧急停机解列灭磁。

3）定子接地保护发信但尚未跳闸时，接地相电压降低，非故障相电压升高，应立即对发电机出口 TV 二次开关、励磁变压器进行外观检查，联系继保人员对发电机中性点接地变二次电压、出口 TV 二次电压进行测量。综合分析判断，当确定为发电机内部接地时，应立即将发电机解列灭磁。未经内部检查及相关试验和公司生产副总的批准，不得重新启动并网。

4）将发电机停运解除备用做安全措施，检查发电机定子回路及其引出线、出口 TV、避雷器等设备，寻找故障点，联系检修人员分别测量发电机出口 TV、励磁变压器和发电机定子绝缘，以判断故障部位。

3．发电机转子绕组匝间短路

（1）现象：

1）DCS 或出"转子两点接地"光字牌亮。

2）转子电压表指示降低、电流表指示增大，定子电压、电流波动，机组产生较大振动。

3）发电机跳闸。

（2）原因：

1）发电机转子出现一点接地后又发生另一点接地故障引起。

2）发电机转子绕组匝间绝缘破坏，造成匝间短路。

（3）处理：

1）若转子两点接地保护动作，机组跳闸，若高压厂用电备用分支开关未联动且无闭锁信号及明显故障特征，可以强送备用分支开关一次，若强合后又跳闸，则不得再合，按厂用电失压处理。

2）检查厂用 400V 母线是否失电，备用电源是否自投。

3）对发电机励磁回路全面检查，通知检修人员处理。

4）若转子两点接地保护未动作，轻微的匝间短路，转子电流增大，振动有所增加，应汇报值长决定是否可以继续运行。

5）当转子绕组有匝间短路引起不允许的振动或转子电流急剧增加（转子电流增大 10％以上）时，立即减负荷使振动或转子电流减少到允许范围内，必要时应解列发电机。

4．发电机转子一点接地

（1）现象：

1）DCS 出"发电机转子一点接地"保护报警信号，控制画面报警。

2）检查并确认发电机转子绝缘监察指示一极对地电压降低或为零，另一极对地电压升高或为转子全电压。

3）转子接地保护装置一点接地指示灯亮。

（2）原因：

1）发电机内部故障引起。

171

2）发电机转子回路外部故障引起。

（3）处理：

1）发现励磁回路接地报警信号出现，应立即汇报值长。

2）根据转子绝缘监查指示判断是内部还是外部接地。

3）若确认是发电机内部稳定性金属接地且无法排除故障时，通知继电保护人员，投入转子两点接地保护，汇报值长，申请停机处理。

a. 加强励磁系统监视，若发现转子电流突然增大，转子电压下降，无功功率显著降低，定子电压下降，应立即解列灭磁。

b. 转子一点接地运行时，若机组又发生欠励或失步，一般可认为转子已发展为两点接地，转子两点接地保护动作跳闸，否则应立即紧急解列灭磁。

c. 处理过程中要防止误认为造成转子两点接地，同时加强对发电机转子电压、电流、无功功率、机组振动等的监视。

4）若为外部接地时，对发电机励磁系统进行全面检查，应设法消除或隔离故障点，如无法消除、隔离或难以判明故障点时，应通知继电保护人员，投入转子两点接地保护，汇报值长，申请停机处理。

a. 检查碳刷滑环、励磁整流柜等有无明显接地。

b. 检查集电环若积粉较多，应通知检修人员清扫。

c. 检查发电机大轴接地碳刷接触情况，禁止在接地保护投入时直接提起或调整接地碳刷。

d. 检查有无明显漏水受潮。

e. 检查外部回路范围内若有人工作，应立即制止。

f. 若查明确属保护误动，应汇报值长，申请退出该保护。

5. 发电机非全相运行

（1）现象：

1）DCS出负序过负荷报警信号，发电机负序电流异常增大。

2）若发变组出口主开关出现非全相故障时，发电机对应相定子电流应到零。

3）当发电机三相定子电流中两相相等或近似相等，且仅为第三相的一半左右时，应判断为主变高压侧开关一相断开。

（2）处理：

1）主变高压侧非全相故障时，发电机负序保护应动作，将发变组出口主开关跳闸。若保护不动作，应立即降低发电机有功、无功到零，解列发电机，期间应密切监视发电机负序电流小于额定电流的8%，并通知检修人员处理。

2）若发电机出口开关非全相故障时，应立即降低发电机有功到零，控制无功，使发电机负序电流小于额定电流的8%，通过将主变高压侧、发电机出口10kV母线侧各开关断开将发电机解列，通知检修人员处理。

3）若灭磁开关跳闸，汽轮机主汽阀未关闭，应立即减少发电机有功负荷到零，合上灭磁开关，增加励磁，使发电机进入同步运行，控制发电机负序电流小于额定电流的

8%，通过将主变高压侧、发电机出口10kV母线侧各开关断开将发电机解列，通知检修人员处理。

4）若灭磁开关跳闸，汽轮机主汽阀已关闭，通过将主变高压侧、发电机出口10kV母线侧各开关断开将发电机解列，通知检修人员处理。

5）非全相保护动作跳闸时，按机组跳闸进行事故处理。

6. 发电机逆功率

（1）现象：

1）DCS出"主汽门关闭""发电机逆功率"报警，汽轮机主汽阀或调节阀全关。

2）发电机有功功率迅速下降至负值，定子电流指示降低。

3）发电机无功功率指示升高，机端电压升高。

4）汽轮机排汽温度升高。

5）逆功率和程控跳逆功率保护可能动作于发电机跳闸。

（2）处理：

1）如逆功率保护（或者程控跳逆功率保护）动作跳闸，按发电机出口开关跳闸处理。

2）如逆功率保护信号发出1min后保护仍未动作，在确认汽轮机主汽门完全关闭，发电机功率已为负功率后，应立即降无功功率至5Mvar，在操作台上按"发电机紧急跳闸""灭磁开关紧急跳闸"操作按钮，解列灭磁。

3）逆功率运行不允许超过1min。

4）汽轮机跳闸后，若发电机未联跳，功率仍指示正的有功功率，则禁止将发电机解列。必须采取措施将汽源可靠切断，功率指示到零后将发电机解列灭磁。

7. 发电机过负荷

（1）现象：

1）DCS出发电机定子过负荷保护声光报警。

2）发电机定子电流增大，超过额定值。

3）发电机各部温度升高。

4）发电机对称过负荷保护定时限动作于"减负荷"报警，反时限动作于跳闸。

（2）处理：

1）发电机对称过负荷保护跳闸时，按发变组出口主开关跳闸处理。

2）发电机过负荷时，应密切监视运行时间，注意不超过过负荷允许时间，具体规定见表4-4-1（注：发生表中工况以每年不超过两次为限）。

表4-4-1　　　　　　　　　　　发电机过负荷允许值

过负荷倍数	1.1	1.15	1.2	1.3	1.5
允许时间/min	60	15	6	4	2

注：如果正常运行时定子或转子绕组温度偏高的发电机，应适当限制其短时过负荷的倍数和时间。

3）发电机过负荷时，应汇报值长，减少有功、无功负荷，控制定子电流不超限，但应注意不得使发电机进相。定子绕组承受短时过电流的能力见表4-4-2。

表 4-4-2　　　　　　　发电机定子绕组承受短时过电流的能力

允许时间/s	10	30	60	120
定子电流/（%）	220	154	130	116

4）发电机强励动作引起的过负荷，10s 内运行人员不得干涉，超过时间仍不返回时应将调节器切至手动，将发电机定子电流降至额定值以下。

5）发电机事故过负荷运行时，要密切注意发电机各部温度不超限，否则应及时降低发电机负荷，使温度降低到限值内。

8. 发电机三相电流不平衡

（1）现象：

1）DCS 出"发电机负序过负荷"保护报警，发电机三相定子电流不平衡。

2）发电机负序电流指示大幅度升高。

3）发电机、热风温度升高。

4）发电机负序过负荷保护定时限部分动作于报警，反时限部分动作于跳闸。

（2）处理：

1）发电机负序过负荷保护跳闸时，按发电机出口开关跳闸处理。

2）发电机三相不平衡电流超过规定值时，应首先核对发电机、主变压器三相电流表，机组振动情况等，判断是否由于表计或电流互感器回路故障引起的。

3）若非二次回路引起，应立即降低定子电流，直至三相定子电流差值不超过额定电流的 10%，任一相电流不超过额定电流。

4）若不平衡电流是由于机组内部故障引起的，应立即将故障的机组解列。

5）不平衡电流运行期间，应严密监视发电机各部温度和机组振动情况，如果发现不平衡电流增大，温度异常升高，应立即停机。

6）若不平衡电流是由于系统原因引起的，应立即汇报调度，按调度令进行处理。

（二）励磁系统故障

1. 发电机过励磁

（1）现象：

1）DCS 出"发电机过励磁"保护报警。

2）发电机过励磁保护 I 段动作于自动降低励磁电流，II 段动作于跳闸。

3）励磁调节器发"过励限制"报警。

4）励磁调节器"V/Hz"限制报警，自动降低励磁电流。

5）发电机端电压过高或频率过低。

（2）处理：

1）发电机过励磁保护跳闸时，按发变组出口开关跳闸处理。

2）下列情况造成发电机过励磁时，应立即将发电机灭磁：

a. 发电机转速达额定转速前误加励磁电流。

b. 发电机升压并网操作时由于 TV 断线误加大励磁电流或其他原因发生过励磁，发电机转子电压和电流大于空载值。

c. 发电机解列，主汽门关闭，机组惰走而励磁开关未断开。

d. 发电机在励磁调节器自动失灵或手动运行状态下解列，灭磁开关未联跳。

3）下列情况造成发电机过励磁时，应将励磁调节器切至手动，手动降低励磁电流：

a. 因励磁调节器自动调节失灵引起发电机励磁电流骤增。

b. 励磁调节器工作 TV 故障引起调节器误加大励磁。

c. 若强励误动，按误强励处理。

2. 发电机失去励磁

（1）现象：

1）"发电机失磁"保护报警，发电机可能跳闸。

2）励磁电流指示为零或接近于零。

3）发电机无功功率指示为负值。

4）发电机有功功率指示降低并摆动。

5）发电机定子电压有所下降，定子电流大幅上升并摆动。

6）邻机无功功率可能大幅增加。

7）发电机可能进入失步状态。

（2）处理：

1）发电机失磁保护跳闸时，按发电机出口开关跳闸处理。

2）发电机失磁保护报警尚未跳闸时，按下述步骤进行处理：

a. 立即快减负荷。

b. 若是由于 AVR 装置"自动"调节回路故障引起时，应立即切"手动"调节方式运行，使发电机励磁恢复正常，恢复机组励磁。

c. 尽量增加其他未失磁机组的励磁电流，以提高系统电压和稳定能力。

d. 经 15min 处理无效时，应将发电机解列。

e. 发电机定子电流超过额定电流时，按发电机过负荷处理。

f. 处理过程中应加强对发电机风温、端部构件等温度的监视。

3）发电机解列后应对励磁回路进行详细检查，若无问题将发电机重新并网。

3. 励磁系统误强励

（1）现象：

1）系统电压正常，励磁系统误强励动作使发电机电压、励磁电流异常升高。

2）发电机正常运行中，无功功率、励磁电流突然大幅升高，励磁调节器自动方式运行时人员无法调控。

3）发电机空载试验，励磁电流、电压突然大幅升高，机端电压异常升高。

（2）处理：

1）发电机运行时，确认误强励发生，应立即在 DCS 内切换励磁调节器至手动方式，减少励磁电流至正常，检查发电机电压应降至正常。

2）若采取上述措施无效，应果断解列灭磁。

3）若经上述调整后参数可控，应切换至备用励磁调节器运行，通知检修人员检查故障励磁调节器。

4）若误强励期间，发变组保护动作（如过电压保护），按发电机跳闸处理。

5）发电机空载时，应密切监视励磁电流、机端电压等参数，有强励动作失控升高趋势时应立即逆变灭磁。

资源库 66_6kV 工作 IB 段母线短路故障

（三）厂用电故障

1. 高压厂用母线一段失电

（1）现象：

1）母线"低电压"保护报警，低电压保护动作于部分负荷跳闸。

2）相应 380V 保安段失电，柴油发电机自启动接带负荷。

3）机组发生 RB。

4）锅炉可能发生 MFT、机组跳闸。

（2）原因：

1）高压厂用变压器分支零序过电流、分支过电流保护动作，闭锁备自投。包括高压厂用电母线故障和高压厂用电负载故障导致的越级跳闸，备用电源联动不成功或联动后又跳。

2）高压厂用电系统由 1 号高压备用变压器供电，1 号高压备用变压器分支保护跳闸。

（3）处理：

1）检查母线失压原因，若无"高压厂用变压器复压过电流""分支零序过电流""分支过流""快切装置出口闭锁"信号，检查并确定工作电源开关断开，则断开高压厂用电失压母线上所有未跳闸的负荷开关，可用备用电源进线开关对失压母线试送电一次，若不成功不得再送。

2）若有"高压厂用变压器复压过电流""分支零序过电流""分支过流""快切装置出口闭锁"信号，禁止再对失压母线试送电。应检查系统有无明显故障，如已找到故障点，将其隔离后可用备用电源试送电。

3）检查并确认相应保安段电源切换正常。

4）启动备用电机，根据需要倒换 380V PC 段母线运行方式。

5）若母线无明显故障点，应将故障母线解备，测量母线绝缘合格后，可对空母线送电。然后根据负荷重要程度，逐一测绝缘送电。

6）若母线绝缘不合格，则隔离后通知检修人员处理。

7）母线故障消除后，用工作电源进线开关对母线送电，并逐步恢复负载。

2. 400V PC 母线常见事故

资源库 67_锅炉 PC A 段母线短路故障

（1）现象：

1）事故报警，某低压厂用变压器跳闸，相应 380V PC、MCC 段失压，电动机停转，备用电动机联动。

2）机组可能发生 RB。

3）锅炉可能发生 MFT、机组跳闸。

（2）原因：

1）高压厂用电母线厂用电部分中断。

2）低压厂用变压器、380V PC 段母线故障。

3）380V 负载故障，越级跳闸。

4）人为或保护误动。

（3）处理：

1）在 380V 锅炉段失电后，应检查其所带保安段备用电源是否自动投入，必要时应手动启动柴油发电机对保安段供电。

2）检查 PC 及 MCC 段跳闸设备的联动情况，对于未联动的负载应立即手动倒换，防止由于辅助设备跳闸造成事故扩大。

3）检查开关跳闸及保护动作情况，分析故障在变压器还是在母线回路，将故障点隔离。

4）若为误碰或保护误动引起的跳闸，应立即恢复变压器和失电母线的供电。

5）对于高压厂用电母线失电或低压厂用变压器故障造成的 380V PC 段失电，有备用电源的，手动合上备用电源开关，注意不应使工作的变压器过负载。

6）检查失电母线及所属回路，如未发现明显故障点，在拉开母线上所有负载后，用低压厂用变压器对母线试送电。若正常，可分别测量分路绝缘，恢复绝缘合格的分路负载供电；如发现故障，则隔离后立即恢复失电母线的正常运行方式，通知检修人员进行处理，并要求其对越级跳闸的开关保护进行检查。

7）母线故障短时不能恢复时，可将有备用电源的 MCC 倒换至备用电源供电（先断后合）。

3. 保安段母线失电

（1）现象：

1）保安段母线电压到零。

2）保安段工作电源进线开关可能跳闸。

3）保安段工作电源进线开关电流指示为零。

4）保安段所带负载跳闸，机组可能发生 RB。

5）可能发生锅炉 MFT、机组跳闸。

（2）原因：

1）全厂失电，柴油发电机未自启。

2）保安段本身故障：保安段母线发生短路或接地故障。

3）保安段所带负载故障，保护越级动作跳保安段进线开关。

4）人为或保护误动。

（3）处理：

1）检查开关跳闸及保护动作情况，分析故障原因。

2）若为全厂失电，柴油发电机未自启，则手动启动柴油发电机，由柴油发电机向保安段供电。

3）保安段发生单段失电时，检查保安段所带双路电源负载的自动切换应正常，否

资源库 68_保护 PC A 段母线短路故障

177

则手动进行。

4）保安段所带负载故障，保护越级动作跳保安段进线开关时，如果故障点明显时，将其隔离后恢复保安段送电；如果故障点不明确时，应将保安段所有负载全部拉出，保安段母线测绝缘正常后恢复母线带电，各个负载逐一测绝缘，逐一送电。

5）保安段有明显故障时，应将母线电源隔离，将母线 PC 段所带负载全部拉出，布置安全措施，联系检修人员处理。

6）如工作进线开关误跳或电源失去后又恢复时，检查无异常后将保安段电源切回工作电源带。

（四）变压器常见异常及故障处理

1. 变压器过负载

（1）变压器可以在正常过负载和事故过负载的情况下运行。变压器在过负载运行时，应投入全部冷却装置。

（2）变压器存在较大缺陷（如冷却系统不正常、漏油、色谱分析异常等）时，不允许过负载运行。

（3）变压器在过负载情况运行时，应记录过负载倍数和运行时间并设法尽快降负载，严密监视变压器负载及上层油温、绕组温升等数值，以控制变压器过负载运行在相应允许的时间内，增加到就地检查的次数。

（4）主变压器的过负载应以发电机的过负载能力为限。

（5）变压器经事故过负载后，应进行全面检查，并将事故过负载的大小、持续时间记入变压器的技术档案内。

2. 变压器油温高处理

（1）检查变压器的负载和冷却介质的温度，核对该负载和冷却介质温度下的油温值。

（2）核对就地与远方的温度计指示。

资源库 69_主变冷却器电源故障

（3）检查冷却系统是否正常，若温度升高的原因是由于冷却系统的故障引起的，应投入备用冷却器，若没有备用冷却器，则将负载降至与冷却系统相对应的负载，等待消缺。

（4）若上述检查没有发现异常现象，油温仍较平时同样负荷和冷却条件下的温度高出 10℃以上，或变压器负荷不变而温度不断上升，即可认为是变压器内部有故障引起的，应尽快将变压器停运检查。

（5）变压器温度异常升高，超过最高允许值时，应紧急停运。

3. 变压器冷却器故障处理

（1）部分冷却器故障。

1）有备用冷却器时，应立即投入备用冷却器运行。

2）迅速查明原因，恢复冷却器运行。

3）部分冷却器故障，短时不能恢复时，应降负载处理，严禁超温运行。

（2）冷却器全停。

1）准确记录冷却器全停时间。

2）迅速查明原因，恢复冷却器电源。

3）迅速降低变压器负载，监视变压器油温不得超过规定值。

4）主变压器、高压厂用变压器、高压备用变压器冷却器在处理故障过程中，达到下列条件应立即停止变压器运行：

a.强油循环风冷变压器上层油温上升至75℃或油浸自然风冷上层油温上升至85℃。

b.强油循环风冷变压器上层油温升超过45℃或油浸自然风冷上层油温升超过55℃。

c.绕组温升超过65℃。

4.变压器油位异常

（1）变压器油位异常升高，高出油位计指示时，应联系维护人员及时放油，保持正常油位运行，同时应查明油位异常升高的原因。放油时变压器瓦斯保护按规程有关规定执行。

（2）因环境温度变化而使油位升高或降低并超出极限值时，应汇报并联系维护人员及时处理，保持正常油位运行。处理时变压器瓦斯保护按有关规定执行。

（3）若因大量漏油引起油位迅速下降时，应及时汇报值长，根据具体情况分别采取相应的措施进行处理。此时，禁止将变压器重瓦斯保护出口连接片改投信号位置。

（4）若漏油是由某组冷却装置所致，应退出该组冷却装置的运行，关闭其进出口油路阀门，并严密监视变压器的油位和温度的变化情况。

5.变压器跳闸的处理

（1）变压器跳闸时，若无保护动作，且无明显故障特征，或经判断为变压器内部故障，如有备用变压器，应迅速将其投入，然后立即查明跳闸的原因。

（2）如无备用变压器时，则要查明何种保护动作，跳闸时有何外部现象（如外部短路、变压器过负载及其他等），如检查结果证明变压器跳闸不是由于内部故障引起，而是由于过负载、外部短路或保护二次回路故障造成，则汇报值长并经批准后，变压器可以不经过内部检查就重新投入运行，否则须进行试验、检查，以查明变压器跳闸原因。

6.差动保护动作、低压厂用变压器速断保护动作的处理

（1）查看保护动作情况，确认变压器跳闸，复位各跳闸开工，倒换运行方式，尽快恢复所带负荷供电。同时检查变压器差动保护（速断保护）范围内的所有电气设备有无短路闪络和损坏痕迹。

（2）检查防爆膜有无破裂、喷油现象（使用释压器防爆的变压器应检查释压器有无喷油现象和动作指示）。

（3）检查变压器油位、油色、油温有无异常现象。

（4）解备故障变压器，测量变压器绝缘电阻值，并联系维护人员测量变压器绕组的直流电阻值。

（5）由维护人员确认保护动作是否正确。若属保护误动，经主管领导批准后解除差动保护，将变压器投入运行。此时变压器的其他保护必须投入运行。所解除的保护应尽

快处理恢复。

（6）上述检查未发现问题时，应经公司主管领导批准，进行发电机零起升压或变压器充电试验，试验正常后，方可投入运行。

7. 轻瓦斯保护动作的处理

（1）检查是否因变压器滤油、加油或冷却器不严密，导致空气侵入造成。

（2）检查是否由于温度变化，油位下降或渗漏油引起油面过低所致。

（3）检查变压器温度有无异常变化，内部有无异声。

（4）若检查气体继电器内确有气体，应联系化学人员取样分析。

1）若气体继电器内的气体无色、无臭且不可燃，色谱分析为空气，则变压器可继续运行，并及时消除进气缺陷。

2）若气体是可燃的或油中溶解气体分析结果异常，应综合判断确定变压器是否停运。

3）经过上述检查没有发现异常现象时，还应检查二次回路是否正常，确定是否属于误发信号。

4）若轻瓦斯保护动作不是由于油位下降或空气侵入引起的，应做变压器油的闪点试验或进行色谱分析，若闪点比前次试验低 5℃ 以上或低于 135℃ 时，证明变压器内部有故障，应将该变压器停运进行检查处理。

5）若轻瓦斯信号的发出确因空气侵入引起，应将气体继电器内的气体排出，并做好记录。

（5）检查气体继电器时应注意的事项：

1）注意与带电部分保持一定的安全距离，若外部检查已发现不正常声音、破裂、高温等异常现象时，瓦斯气体的取样分析可在变压器停运后进行，以确保人身安全。

2）瓦斯气体及故障时的油质分析工作应迅速及时。

8. 重瓦斯保护动作处理

（1）瓦斯保护动作跳闸时，在查明原因消除故障前不得将变压器投入运行。

（2）检查变压器外部有无异常现象，防爆膜是否破裂喷油或释压器是否动作喷油。

（3）检查油位计是否有指示，油枕、散热器法兰盘垫及各油路管道接头、焊缝是否损坏。

（4）是否呼吸不畅或排气未尽。

（5）对于强迫油循环风冷的变压器，若因膨胀损坏部件而漏油时，应立即停运损坏的冷却装置，降低油压力，隔离或消除漏油点。

（6）若防爆膜已破裂，防爆管已向外喷油，待油压泄完，应及时将防爆管口封闭，防止大量空气侵入变压器内部。

（7）若是释压器动作喷油泄压后，可自动复位关闭阀盖，但必须手动复归动作指示杆。

（8）检查气体继电器，协助化学试验人员收集瓦斯气体。通过气体分析和色谱分析，判别变压器跳闸原因。若发现问题，不经处理不允许投运。

（9）检查瓦斯保护及二次回路是否误动，若因误动所致时，经主管领导批准后解除瓦斯保护，但其他主保护均应投入，方可将变压器投入运行。

（10）经上述检查、分析均未发现问题，而且变压器的各项电气试验均合格时，应经公司主管领导批准，进行发电机零起升压或变压器充电试验，试验正常后，方可投入运行。

9. 变压器过电流保护动作跳闸处理

（1）检查变压器过电流保护动作跳闸时有无系统冲击现象及短路现象。

（2）变压器过电流保护动作跳闸后，立即对保护范围内的设备进行检查，确认无明显故障或发现明显故障点并将其隔离，可试送一次。若试送后再跳闸，则需隔离故障变压器及其所带母线，测变压器及母线绝缘合格，对空母线充电正常，再根据重要程度逐一测负荷绝缘恢复送电，判断出故障设备后将其解备，及时联系维护人员处理。

（3）若因系统故障冲击，使变压器开关越级跳闸时，可在系统故障消除或隔离后，不经检查即可恢复变压器运行，然后对变压器进行外部检查。

（4）若无冲击及短路现象，经维护人员确认保护误动，经值长批准后解除过流保护，将变压器投运。维护人员应尽快处理恢复保护。

（五）电网故障及处理

1. 系统低频

（1）现象：

1）系统频率长时间低于 49.8Hz。

2）伴随着系统低电压。

3）汽轮发电机组声音变沉。

4）一次调频回路动作，自动加功率。

5）发电机低频保护各段"低频"累计时间达允许时间时报警。

（2）处理：

1）若发电机保护动作跳闸，按发电机出口开关跳闸处理。

2）发电机出口开关未跳闸时，若频率超过制造厂家规定值应停机。

3）频率低于 49.5Hz 时，应立即增加机组的有功功率至最大值，发电机的过负荷时间按允许过负荷时间规定执行。

4）系统低频时，应加强厂用负载的监视和调整，防止重要辅机过载跳闸。

5）注意监视发电机励磁电流，防止发电机转子回路过负荷。

6）密切监视发电机进出风温度、定子铁芯温度、定子线圈温度、定子端部温度等，防止超温。

7）当系统低频和低电压同时发生时，应优先考虑满足频率要求。

2. 电网发生同步振荡

（1）现象：发电机与系统保持同步，定子电流、电压、有功、无功负荷、转子电流正常值附近摆动，摆动呈逐渐衰减趋势。

（2）处理：

1）励磁方式在 AVC "遥调" 运行时，可不待调度指令，立即退出 AVC "遥调"，手动增加发电机励磁提高电压，但不得超过设备耐受电压，以免危及设备安全。

2）适当降低机组有功功率。

3）若正在进行线路停运操作时，应立即暂停操作。

4）确系并列发电机引起的，应立即将发电机解列，根据值长命令重新并列。

5）若由励磁调节器故障引起，应立即消除励磁调节器故障。若短时无法消除，则解列发电机组。

6）若由于发电机失磁引起系统振荡，失磁保护拒动，应立即汇报值长，将发电机与系统解列。

3. 电网发生异步振荡

（1）现象：

1）发电机与系统不能保持相同的频率。

2）发电机定子电流、电压周期性大幅跳变。

3）有功、无功负荷大幅波动，"过负荷" 信号可能出现。

4）发电机发出不正常、有节奏的鸣声，其节奏与上述各参数摆动合拍。

5）线路的各电气量同样出现较高频率的摆动，振荡中心电压变化最大。

6）在异步振荡发生前，往往发生过大扰动，可能有许多保护动作。

（2）处理：

1）励磁方式在 AVC "遥调" 方式运行时，运行人员应不待调度指令，立即退出 AVC "遥调"，增加发电机无功功率，尽量使发电机电压运行在允许上限，但不得危及设备安全。

2）频率降低时，应不待调度指令，增加机组的有功功率至最大值，直至振荡消除，但应尽量控制发电机不过负荷。

3）频率升高时，应不待调度指令，减少机组有功功率以降低频率，但不得使频率低于 49.5Hz，同时应保证厂用电的正常供电。

4）系统发生振荡时，未得到值班调度员的允许，不得将发电机从系统中解列（现场事故规程有规定者除外，如发电机组达到紧急停运的条件）。

5）若由于机组失磁而引起系统振荡，可不待调度指令，立即将失磁机组解列。

6）确系并列发电机引起，应立即将发电机解列，根据值长命令重新并列。

7）电网振荡引起发变组保护动作，按发电机跳闸处理。

三、相关知识

（一）发电机的异常运行及事故处理原则

（1）发电机发生事故时，值班人员应迅速查明保护动作情况，并指定专人详细记录各报警信号、保护掉牌，判断故障的性质后再作处理，不得干涉所有自动装置及记录仪表的正常工作。

（2）设法保证厂用电，尤其事故保安电源的可靠性。

（3）尽快限制事故的扩大，消除事故的根源，解除对人身和设备的危害。

（4）保证运行设备的可靠运行，如有备用设备，应尽快投入运行。

（5）当派人出去检查设备和寻找故障点时，在未与检查人员取得联系之前，不允许对被检查的设备合闸送电。

（6）事故处理中，应始终保持相互联系，服从领导。

（二）厂用系统故障的处理原则

（1）工作电源开关跳闸，备用电源开关应自动投入。

（2）备用电源拒动（以备用分支过电流无信号表示判断）时，应立即手动投入。

（3）备用电源手动或自动投入不成功（以备用分支过电流无信号表示判断）时，不再强送。

（4）备用电源手动或自动投入成功后，应检查工作电源保护动作情况，实地检查故障点（保护误动或人员误碰除外），并将设备绝缘及损坏情况报告值长。

（5）备用电源手动或自动投入不成功时，应根据保护动作情况和故障现场，迅速检查 400V 母线或相当于母线上的元件，清除故障点，恢复对母线送电。

（6）工作电源跳闸，备用电源自动或手动投入不成功，经实地检查母线设备无明显故障点时，可按 400V 母线负荷故障引起厂用分支开关越级跳闸处理。

1）拉开母线上的所有负荷开关。

2）确认母线无故障或经绝缘测定良好后对母线送电。

3）发现故障或异常设备时，要先进行全面检查和测定绝缘。

4）逐一将负荷送电。但在未查明故障原因前，均须经过绝缘测定良好。

5）动力负荷送电时，应优先送一次风机、引风机等重要负荷。联系各专业人员，逐个启动设备。遇有冲击应立即将该负荷停电，恢复母线正常运行。

6）查找故障时应记录负荷开关和保护的动作情况，综合分析判断故障点所在位置，并报告值长。

（三）变压器异常运行处理原则

（1）当变压器的主保护（瓦斯、差动）动作，或虽主保护未动作，但跳闸时变压器有明显的事故特征（爆炸、火花、烟等），在未查明原因消除故障前，不得送电。

（2）两台变压器运行时，若一台故障，值班人员应注意监视另一台变压器过负荷情况。若有备用变压器，应先投入备用变压器。

（3）气体保护动作跳闸后，应停止冷却器运行，避免把故障部位产生的炭粒和金属微粒扩散到各处。检查变压器油位、油色、油温有无变化；油枕及变压器压力释放器是否动作，是否有喷油或大量漏油；气体继电器中有无气体，气体保护的二次回路；其他保护动作情况。

（4）差动保护动作跳闸后，检查变压器差动保护范围内的瓷绝缘是否闪络、损坏，引线是否有短路、接地，保护及二次回路是否有故障，直流回路是否有两点接地。

（5）变压器后备保护动作，三侧开关跳闸后，检查保护动作情况及主保护有无异常信号、变压器及各侧设备是否有故障点。若未发现问题，经调度同意，可对变压器从高压侧向低压侧试送电。

（6）中、低压侧总开关跳闸后，应首先检查并确认变压器或中、低压侧母线无故障，然后根据变压器保护及其他保护（线路、母差、失灵）和自动装置动作情况判明是误动还是越级。

若经检查确认是越级时，应拉开保护拒动的开关或隔离拒动的开关，拉开该母线上其他所有馈路开关，并根据调度命令用总开关向母线试充电，正常后逐次试送馈路。若检查无明显故障和其他保护动作，应拉开母线上所有开关，根据调度命令逐条试送。若检查发现有明显故障时，应排除故障或将其隔离后，变压器再送电。

（四）发电厂电气设备继电保护配置原则

（1）发变组保护按双重化电量保护、单重非电量保护配置。

（2）每套保护均含完整的发电机、主变压器、高厂变、励磁变及发变组的主保护及后备保护，非电量保护为独立的装置，设置独立的电源回路及出口跳闸回路。两套保护装置完整、独立，安装在各自的柜内，当运行中的一套保护因异常需要退出或需要检修时，不影响另一套保护正常运行。

（3）发电机匝间保护、转子接地保护及定子接地保护按两套配置，正常仅一套投入运行。

（4）高备变保护配置两面保护柜，其中第一面保护柜包含变压器第一套完整的电气量主后备保护和非电气量保护；第二面保护柜内包含变压器的第二套完整的电气量主后备保护。

（5）每套保护装置均配置完整的差动、后备保护及异常保护，能反映被保护设备的各种故障运行状态。

（6）每套装置的交流电压和交流电流分别取自电压互感器和电流互感器互相独立的绕组，其保护范围交叉重迭，避免死区。

（7）非电量保护为独立的装置，非电量保护设置独立的电源回路（包括直流小空气开关及直流电源监视回路），出口跳闸回路完全独立，在保护柜上的安装位置也相对独立。

四、完成任务

登录相关的发电机组仿真平台，严格按照任务提纲完成对电气事故的判断方法和事故处理方法的学习。

（1）通过学习，掌握发电机过励磁事故的判断方法，熟练处理事故，能够通过分析事故原因，制订可行性预防措施。

（2）通过学习，掌握发电机定子接地事故产生的判断方法，熟练处理事故，能够通过分析事故原因，制订可行性预防措施。

（3）通过学习，掌握发电机三相电流不平衡事故的判断方法，熟练处理事故，能够通过分析事故原因，制订可行性预防措施。

（4）通过学习，掌握发电机转子绕组匝间短路的判断方法，熟练处理事故，能够通过分析事故原因，制订预防性措施。

（5）通过学习，掌握发电机转子励磁机磁场一点接地事故的判断方法，熟练处理事故，能够通过分析事故原因，制订可行性预防措施。

（6）通过学习，掌握发电机逆功率事故的判断方法，熟练处理事故，能够通过分析事故原因，制订可行性预防措施。

（7）通过学习，掌握发电机过负荷保护动作事故的判断方法，熟练处理事故，能够通过分析事故原因，制订可行性预防措施。

（8）通过学习，掌握高压厂用母线一段失电的判断方法，熟练处理事故，能够分析事故原因，制订可行性预防措施。

（9）通过学习，掌握400V PC 母线常见事故的判断方法，熟练处理事故，能够通过分析事故原因，制订可行性预防措施。

（10）通过学习，掌握保安段母线失电事故的判断方法，熟练处理事故，能够分析事故原因，制订可行性预防措施。

（11）通过学习，掌握变压器常见事故的判断方法，熟练处理事故，能够通过分析事故原因，制订可行性预防措施。

五、任务评价

根据工作任务的完成情况，对照评价项目和技术标准规范，逐项评价，确定技能水平和改进的要求。任务评价表见表4-4-3。

表4-4-3　　　　　　　　　　　任务评价表

内容		评价	
学习目标	评价目标	个人评价	教师评价
知识目标	掌握发电机过励磁事故的原因、处理方法		
	掌握发电机定子接地事故原因和判断方法		
	掌握发电机三相电流不平衡事故产生的原因和判断方法		
	掌握发电机转子绕组匝间短路产生原因和判断方法		
	掌握发电机转子励磁机磁场一点接地事故的原因和判断方法		
	掌握发电机逆功率事故原因和判断方法		
	掌握发电机过负荷保护事故的原因和判断方法		
	掌握励磁系统故障的产生原因和判断方法		
	掌握高压厂用母线单相接地产生的原因和判断方法		
	掌握400V PC 母线常见事故产生的原因和判断方法		
	掌握保安段母线失电事故产生的原因和判断方法		
	掌握变压器常见事故的原因和判断方法		
技能目标	熟练处理发电机过励磁事故，分析事故原因并制订可行性预防措施		
	熟练处理发电机定子接地事故，分析事故原因并制订可行性预防措施		
	熟练处理发电机三相电流不平衡事故，分析事故原因并制订可行性预防措施。		

续表

内　　　容		评　　价	
学习目标	评　价　目　标	个人评价	教师评价
技能目标	熟练处理发电机转子绕组匝间短路事故，分析事故原因并制订可行性预防措施		
	熟练处理发电机转子励磁机磁场一点接地事故，分析事故原因并制订预防性措施		
	熟练处理发电机逆功率事故，分析事故原因并制订可行性预防措施		
	熟练处理发电机过负荷保护动作事故，分析事故原因并制订可行性预防措施		
	熟练处理励磁系统故障，分析事故原因并制订可行性预防措施		
	熟练处理高压厂用母线一段失电事故，分析事故原因并制订可行性预防措施		
	熟练400V PC母线常见事故，分析事故原因并制订可行性预防措施		
	熟练保安段母线失电事故，分析事故原因并制订可行性预防措施		
	熟练变压器常见事故，分析事故原因并制订可行性预防措施		
素质目标	沟通能力		
	团队创新能力		
	方法创新能力		
	突发事件处理能力		
改进要求			

六、 课后练习

（1）发电机逆功率应该如何处理？

（2）励磁系统故障的一般处理原则是什么？

（3）变压器油温高的处理方法有哪些？

（4）简述重瓦斯保护动作的处理方法。

（5）简述变压器过电流保护动作跳闸的处理方法。

参 考 文 献

［1］卢洪波，刘洪宪，赵星海，等．电厂热力系统及设备．北京：中国电力出版社，2016.

［2］尹静，谢新，林祥，等．火电机组集控运行．北京：中国电力出版社，2016.

［3］杨建华，王玉召，屈卫东，等．循环流化床锅炉设备与运行．4 版．北京：中国电力出版社，2019.

［4］杨小琨，杨作梁．火电厂热力设备及系统．北京：中国电力出版社，2010.

［5］杨成民．600MW 超临界压力火电机组系统与仿真运行．北京：中国电力出版社，2010.

［6］付小平，李庆，石平，等．火电机组集控运行．北京：中国电力出版社，2012.

［7］张艾萍．热力系统分析与优化．北京：中国电力出版社，2016.

［8］张子敬，赵爽．火电机组系统及运行．北京：中国电力出版社，2015.